农作物病虫害防治技术研究

上官欣欣　著

科学技术文献出版社
SCIENTIFIC AND TECHNICAL DOCUMENTATION PRESS
·北京·

图书在版编目（CIP）数据

农作物病虫害防治技术研究 / 上官欣欣著. —北京：科学技术文献出版社，2022.10

ISBN 978-7-5189-9229-4

Ⅰ.①农… Ⅱ.①上… Ⅲ.①作物—病虫害防治—研究 Ⅳ.① S435

中国版本图书馆 CIP 数据核字（2022）第 096737 号

农作物病虫害防治技术研究

策划编辑: 张 丹 责任编辑: 李晓晨 侯依林 责任校对: 张永霞 责任出版: 张志平

出 版 者	科学技术文献出版社
地 址	北京市复兴路15号 邮编 100038
编 务 部	(010) 58882938，58882087（传真）
发 行 部	(010) 58882868，58882870（传真）
邮 购 部	(010) 58882873
官 方 网 址	www.stdp.com.cn
发 行 者	科学技术文献出版社发行 全国各地新华书店经销
印 刷 者	北京虎彩文化传播有限公司
版 次	2022 年 10 月第 1 版 2022 年 10 月第 1 次印刷
开 本	710×1000 1/16
字 数	201千
印 张	11.25
书 号	ISBN 978-7-5189-9229-4
定 价	36.00元

版权所有 违法必究

购买本社图书，凡字迹不清、缺页、倒页、脱页者，本社发行部负责调换

前　言

随着农业生产水平的不断提高和现代化生产方式的发展，农作物病虫害呈加重发生态势，已成为制约农业生产的重要因素之一。近些年来，利用农药来控制病虫害，已成为夺取农业丰收不可缺少的关键技术措施。其中，使用化学农药防治病虫害可节省劳力，达到增产、高效、低成本的目的，特别是在控制具有危险性、暴发性的病虫害时，就更显示出其不可取代的作用和重要性。但近些年来大量施用化学农药，不仅污染了土壤，也导致农产品中化学农药残留较多，给人类身体健康带来了危害。

农作物病虫害防治和农药的科学使用是一项技术性很强的工作，近年来，我国农药工业发展迅速，许多高效低毒的新品种、新剂型不断产生，农作物病虫害防治和农药应用技术随之不断革新的同时，也促使农药产品不断更新换代。

在应用化学农药防治病虫害时，既要选择有效、安全、经济、方便的类型，以提高防治效果，又要避免产生药害，进行无公害生产，还要兼顾对土壤环境的保护，防止自然资源被破坏。当前，各地在病虫害防治中，还存在防治病虫不及时、方法不科学、药剂选择不当、用药剂量不准、用药不适时、用药方法不正确、见病见虫就用药等问题，造成了费工、费药、污染重、有害生物抗药性迅速增强、严重危害作物等后果。为了宣传、普及农药知识和科学防治农作物病虫害，促使农业科技工作者与广大农民朋友及时了解农作物病虫害科学防治技术，更好地为现代农业生产服务，笔者编写了本书，以期发挥好农药在现代农业生产中的积极作用，切实做好农作物病虫害防治工作，为农业良性循环和可持续发展尽微薄之力。

本书介绍了农作物病虫害的概念、种类、发生及为害特点等，对农作物病虫害的危害与防治原则，以及多种农作物病虫害的适期防治技术进行了阐述,并较全面地论述了当前各地在病虫害防治工作中存在的问题。同时,结合生产实际提出了对策与措施。本书以理论和实践相结合为指导原则,较系统地阐述了农作物病虫害的绿色防控技术和新化学农药在多种农作物上的科学施用技术。

本书深入浅出、通俗易懂、可操作性强,可供广大农技人员、农药经营者和农民朋友参考使用。由于编者水平有限,书中不当之处,敬请读者批评指正。

目　录

第一章

农作物有害生物的识别与防治

第一节　农作物有害生物的概述

一、农作物有害生物概念

农作物从生长到运输的整个过程中，尤其是在发育、储藏两个时间较长的阶段会受外部环境及条件的影响。在生物或非生物因子的影响下，农作物的形态、生理方面都不能沿着原本的遗传性状发展，而是出现了病态的现象，即不再正常生长发育，表现出非正常特性，那么该农作物产品在经济效益上就不再有优势了，这种现象就包括农作物病害在内[①]。

农作物有害生物概念的理解，可以从 6 个方面阐释。

① 病原物的侵染或不利的环境条件所引起的不正常和有害的农作物生理变化过程和症状。

② 农作物的生长发育过程中受到生物因子或非生物因子的影响，使正常的新陈代谢过程受到干扰和破坏，导致农作物生长偏离正常轨迹，最终影响到农作物的生长，将其称为农作物病害。

③ 农作物在其生命过程中受寄生物侵害或不良环境影响，在生理、细胞和组织结构上发生一系列病理变化，导致外部形态不正常、产量降低、品质变劣，或者生态环境遭到破坏的现象。

④ 农作物由于致病因素的作用，正常的生理和生化功能受到干扰，生长和发育受到影响，在生理或组织结构上出现多种病理变化，呈现不正常状态，即病态，甚至死亡，将现象称农作物病害。

⑤ 当农作物生理程序的正常功能发生有害的偏离时，称为农作物病害。

⑥ 病害是能量利用的生理程序中发生一种或数种有规律的、连续的改变，导致寄主的能量利用丧失协调。

---

① 农业部种植业管理司植保植检处.全国病虫专业化统防统治发展现状及思路［J］.青海农技推广，2010，1：11－15.

二、农作物有害生物的限定

可以根据以下 3 个特点对农作物有害生物进行限定。

1. 偏离正常外观

在农作物的生长状态中,健康代表正常,如果外观与健康状态下生长的农作物不一致,就是病态的,符合农作物病害的特点[①]。

2. 区别于机械性创伤

有害生物导致的农作物病害:农作物生长过程中自发产生异常,这样是病态的,与机械性的创伤完全不同,前者的病态是在长期的生长过程中产生异常病理,而后者是突发性的,不参与漫长的生长过程。

3. 经济收益下降

有害生物导致农作物病害的标准一定是基于经济收益有所下降,如果没有病理上的变化,以及对经济收益产生影响,说明农作物还未达到病害的程度[②]。可以举几个例子,用来表明哪种情况下农作物没有经济损失,如郁金香的颜色因为病毒侵染出现了杂色,反而更加美丽,扩展了颜色品种,带来经济收入,这就不能将其划分为病害。

第二节　农作物有害生物的类型

农作物有害生物的类型非常多,由有害生物导致病害的原因也非常多,包括生物、非生物原因,这些都是病原[③]。它的类型能根据不同的方向进行分类,如表 1-1 所示。

① 陶凤英,潘云鹤,栾金波.农作物病虫害专业化统防统治的现状与发展对策 [J].内蒙古农业科技,2011,2:96-97.

② 都钧.农作物科学种植及病虫害防治技术探讨 [J].新农业,2021(14):3.

③ 陈振天,孙丰年,宋婷婷.吉林市农作物病虫害专业化防治现状及发展思路 [J].吉林农业,2010(6):92-93.

表 1-1　农作物有害生物分类

分类依据	病原生物种类	病原物传播途径	表现的症状类型	农作物发病部位	病害流行特点	病原物生活史
病害类型	真菌病害	气传病害	花叶病	根部病害	单年流行病	单循环病害
	细菌病害	土传病害	斑点病	叶部病害	积年流行病	多循环病害
	病毒病害	种传病害	溃疡病	茎秆病害		
	线虫病害	虫传病害	腐烂病	花器病害		
	寄生性种子植物引致的病害		枯萎病	果实病害		
			疫病			

表中农作物有害生物可以从不同角度、利用不同方法进行分类。但是一般情况下，根据病原类型将病害可以分成两大类：由病原物引发的侵染性病害和由非病原物引发的非侵染性病害。而植物的病理学方面，重点研究的是侵染性病害，想要研究侵染性病害，这两类病害就要根据性质的不同，明确区分。

一、侵染性病害

农作物在特定的环境中遭到病原物的入侵，就会发生侵染性病害。农作物表现出来的症状是有区别的，因为具有侵染性，可以互相传染，所以田块、农作物二者间也可以传染，提取发生病害的植株上的病原物，可能有细菌、真菌、寄生虫等，由此可以知道它是菌类，并称为病原菌[①]。

侵染性病害的特点是具有传染性，它有一定的危害，不仅使最初受感染的农作物生长缓慢、发育不良，抗病的能力也被大大削弱，导致农作物死亡；而且其他的农作物也会深受其害，损失巨大。

侵染性病害会削弱农作物对恶劣环境的抵抗力，如果树遭受叶斑病害后，会落叶，天气寒冷的情况下就会发生冻害。这也说明所有存在的事物是相互影响的，关联性强，而非孤立的。

---

① 杨军. 农作物病虫害防治中存在的误区及对策［J］. 种子科技，2019（16）：11.

二、非侵染性病害

在不适宜环境的长久影响下，农作物发生了非侵染性病害，这样不传染、不表现出症状的病害，也被称为生理病害或非传染性病害[①]。可以从以下几个方面了解这样的病害。

（一）水分问题

水分过量或不足都会引起一系列问题，如渍害、涝害、旱害。如果水分过量，就会使得水分浸满土壤，农作物根部无法得到空气，从而窒息，腐烂变色。

如果水分不足，土壤里面没有足够的水分，导致叶子边缘和叶脉间组织抽水，叶子渐渐枯黄，若干旱，会导致植物枯萎，直至死亡。

还有一种情况就是水分注入量的变化非常大，不稳定，如持续性的有雨，或者在地势很低的地方会长期积水，农作物根部就会缺氧，导致农作物遭受重创，产生的危害更大，这被称为渍害[②]。春季温度较低时容易出现这样的现象，这必然会导致农作物的发育受到阻碍，大大减少产量。

（二）营养问题

营养问题，即缺少营养元素导致农作物出现缺素症。在农作物生长的土壤中，不可缺少的3个元素就是钾、氮、磷。如果缺少钾，农作物就会倒伏，并且容易枯死；如果缺少氮，农作物就会失绿；如果缺少磷，会使农作物变色，并且难以生长。还有其他的元素缺少时出现相对应的症状，这里不再一一说明。

（三）温度问题

温度过高或过低，都不利于农作物生长。温度过高会使农作物出现日灼病害，以及干旱，强烈高温产生的热浪、热风会使禾苗、谷类早熟[③]；温度过低就会出现冻害。二者都会对农作物的生命造成影响，并且影响农作物的产量。

---

① 李道亮.农业病虫害远程诊断与预警技术［M］.北京：清华大学出版社，2010：21.
② 赵春江.农业智能系统［M］.北京：科学出版社，2009.
③ 黄晞.永福县农作物病虫害专业化统防统治现状及对策研究［D］.南宁：广西大学，2012.

（四）化学物质问题

化学物质问题包括肥料的使用，工厂排放的废气、废水等。肥料的使用很关键，不恰当地施肥会引起药害，如稻田有很多肥料共同发酵作用，会使作物根部缺氧窒息，受到损伤。

工厂在燃烧煤炭的过程中排放的二氧化硫会使禾谷类叶尖变成黄色或红色，直至变成白色或草色[①]。工厂排出的废水包含了很多化学物质，如硫酸、铜等，会使土壤的酸碱度受到影响，从而引起毒害。

（五）农药问题

使用农药后，有时会产生药害，其原因有很多，但往往对水果和蔬菜的生长发育、产量、品质产生不利的影响，使其丧失原有的色、香、味，降低品质，造成减产。

有药害就会影响农业生产及其长远发展。所以农药在生产和销售的过程中，公司都要深度了解农药的作用、原理、特性等，熟悉与其相关联的知识，最大限度地避免农药药害的发生，降低农药药害发生的概率[②]。

农药药害可以分为3种，区分的依据为药害发生的速度，即分为急性型药害、慢性型药害和残留型药害（图1-1）。

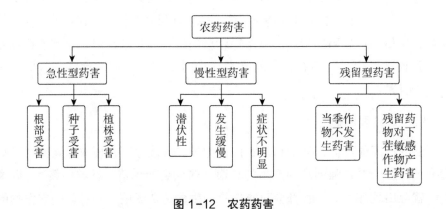

图1-12　农药药害

1. 急性型药害

急性型药害发生得非常迅速，且农作物有显著症状，通过肉眼能够观察

---

① 王雪梅．农业信息区域推送技术研究［D］．保定：河北农业大学，2014.

② 张贤坤．基于案例推理的应急决策方法研究［D］．天津：天津大学博士论文，2012.

到。发生时间短，即从施药开始到表现出症状，最快只需几小时，最慢也仅仅几天[1]。

在农作物叶片上表现为出现斑点、焦边、枯边、穿孔、焦灼、卷曲、畸形、枯萎、黄化、厚叶、枯黄、落叶失绿或白化等；在植株整体上表现为生长迟缓、植株矮小、茎秆扭曲、全株枯死。其具体部位受害症状如下：

① 根部受害，表现为根部短粗肥大，根毛稀少，根皮变黄或变厚发脆、腐烂等；②种子受害，表现为种子不能发芽或发芽迟缓等，这种药害多是由过量使用农药或使用农药进行种子处理不当所致[2]；③植株受害，表现为落花、落蕾，果实畸形、变小，出现斑点，以及褐果、锈果、落果等。

2. 慢性型药害

发生慢性型药害的农作物很难在短时间内表现出症状，或者症状不显著，从而难以判断农作物是否发生药害，很久后农作物才渐渐出现生长迟缓等现象，无论是开花，还是结果都因为发育缓慢的原因而推迟，且产量不增长、落果、品质极差。

3. 残留型药害

残留型药害对当季的农作物没有影响，即药害不体现在这茬农作物上，但是药物会侵染在土壤里，对下茬的农作物产生影响，发生药害。药害在种子发芽时期就会显现出来，根尖腐烂，甚至烂芽，最严重的就是不出苗[3]。例如，将西玛津除草剂用于玉米田后，下茬的豆类农作物就会发生药害。

三、病原物传播

在农作物体外越冬、越夏的病原物引起首次发病，或者在农作物生长季节里由已经发病的寄主农作物上的病原物引起的二次发病，且都一定会传播。所以，侵染的整个循环过程中，其内部的各个环节之间连接的桥梁就是病原物传播。想要阻断侵染这个无休止的循环，使农作物不再受病害的侵蚀，就需要把传播途径切断。

不同病原物的传播形式也是有差异的，真菌可以自己发射孢子，也可以

---

① 陈常元，彭俊彩.常德市水稻病虫专业化防治运作模式探讨［J］.湖南农业科学，2009（3）：69–71.

② 张振和，徐清云.关于推进农作物病虫专业化防治的思考［J］.北方水稻，2011，41（3）：75–76.

③ 李道亮.农业病虫害远程诊断与预警技术［M］.北京：清华大学出版社，2010：21.

产生游动孢子，细菌也不例外。然而，由于其传播能力不足，病原物大部分是通过人类活动或自然媒介进行远距离传播。传播模式可以从3个方面进行阐述，如图1-2所示。

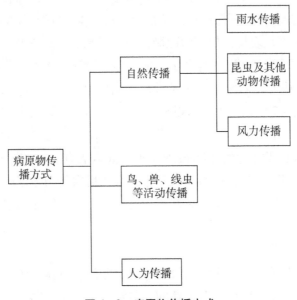

图1-2 病原物传播方式

（一）自然传播

1.雨水传播

很多真菌可以产生炭疽病菌，其本身带有一定的胶黏性，还有一些细菌可以分泌菌脓，如大白菜角斑病等，这些病菌都不能自己进行传播，需要借助雨水进行传播。

土壤中的一些病原物，也可以在水的作用下进行传播，最直接的就是浇灌进土壤的水，病原物可以借助灌溉水从病田串灌至无病田，这种传播是远程的，而雨水的传播属于近程的。

因此必须采取有效措施来进行防治，从源头上斩断病源，避免互相传染，造成大范围或循环性的病害。

2.昆虫及其他动物传播

许多农作物病毒都是依靠昆虫及其他动物传播。其中，昆虫是最喜欢在田间活动的，其随处可见、数量惊人、种类多，它们传播病毒非常迅速，如萝卜蚜就会传播油菜花叶的病毒，虫体是病毒越冬繁殖的场所，所以昆虫身体内部就是最佳的繁殖地[①]。

细菌或真菌孢子在昆虫的携带下四处传播，危害农作物，昆虫啃咬农作物，使得病原物顺利进入农作物内部，造成病害，所以针对昆虫带来影响，消灭昆虫是最直接的方式。

3.风力传播

与雨水的作用不同，在风力作用下，很多无胶黏性或小的真菌孢子可以进行传播，并且可以远距离传播，其空间性、无界限，使防治难度变大，不仅仅是斩断源头就可以完全解决的，还要防止外地病害的侵入，所以要大范围地进行防治，方能取得成效。

（二）鸟、兽、线虫等活动传播

这些动物都会在活动的过程中时不时地携带病原物并传播。

（三）人类传播

人类活动也是病原物传播的一大途径。例如，运送含有病毒的苗木或种子，或者是农作物的产品，不需要任何地理或自然的条件，就能够进行传播，扩大病区[②]。

所以要对人类行为的传播进行限制，可以通过植物检疫来尽可能地避免无病区域受到病害的危害。人类在进行播种、施肥、嫁接等农务时，也会无形中将病原物传播，因此操作要科学，切断传播，严格防治病害。

第三节　农作物有害生物的症状与诊断

一、农作物有害生物的症状

有害生物导致的各种农作物病害都表现出不同症状，其类型有很多种。

---

① 　成卓敏.农此生物灾害预防与控制［M］.北京：中国农业科技出版社，2005.
② 　岳葆春，翟宗清，何成舟.增强功能优化服务扎实开展水稻病虫专业化防治［J］.安徽农学通报，2010，16（2）：171-172.

（一）病害症状的现象

首先，农作物会出现颜色的变化；其次，出现腐烂现象，甚至坏死；最后，出现畸形现象，逐渐枯萎。

（二）病害症状的种类

农作物病害症状的种类，如图 1-3 所示。

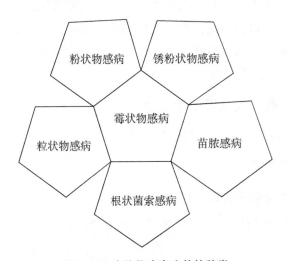

图 1-3　农作物病害症状的种类

这些病原会对农作物造成一定的侵害，农作物受到不同病原的影响，也会呈现出不一样的症状。针对这些病害症状的种类，在这里做详细的阐述。

1. 霉状物感病

在病部产生霉层，它的颜色、质地和结构等变化较大，如霜霉、绵霉、绿霉、青霉、灰霉、黑霉、红霉等。

2. 粉状物感病

在病部产生白色或黑色粉状物，白色粉状物多在病部表面产生，黑色粉状物多在植物器官或组织被破坏后产生。

3. 锈粉状物感病

在病部表面形成一堆堆的小疱状物，破裂后散出白色或铁锈色的粉状物。

4. 粒状物感病

在病部产生大小、形状及着生情况差异很大的颗粒状物。有的是针尖大小的黑色小粒，不易与组织分离；有的是形状、大小、颜色不同的颗粒。

5.根状菌索感病

在受病农作物的根部及附近的土壤中产生绳索状物。

6.菌脓感病

在病部产生胶黏的脓状物，干燥后形成白色的薄膜或黄褐色的胶粒。这是细菌性病害特有的特征。

农作物受到不同病原的影响，呈现的症状也有所区别。农作物如果遭受了侵染性病害中的病毒性病害，那么在病部外表看不到病原物；而真菌性病害可以在病部发现锈粉状物、粒状物等；细菌性病害在病部会有菌脓。非侵染性病害在病部找不到病原物。

因此，通过症状就能够初步断定病害的类型。但是，农作物病害和人类生病相似，随着时间的变化，前期和后期呈现出来的症状是不一样的，即症状不是固定不变的，并且在不同环境的影响下，也会呈现出不同的症状，如干旱或潮湿的环境，会影响病状呈现的现象。

不是同一个寄主，相同的病原物也可能会导致其呈现不同的表现症状，或者说在同一个寄主的不同器官上，哪怕是相同的病原物，症状表现也会不一样，这就是多型性。那么，还有一类病症是同型性，即不同的病原物表现的症状是相同的[①]。由此可以看出，病症种类繁多，并且很难根据症状就能准确判断，所以跟进病害在田地的变化及发展至关重要。

二、农作物有害生物的诊断

（一）非侵染性病害和侵染性病害比较

1.侵染性病害

侵染性病害，顾名思义，是有传染性的，农作物遭受病原物的侵染后，产生病害。其中，病原物指寄生物病原，包括5类病原物，有寄生性种子植物、病毒、细菌、真菌、线虫[②]；病原菌指植物细菌、病原真菌。

2.非侵染性病害

对于非侵染性病害，可以用很多方法来判断病部的表面有没有症状，如

① 龚露，冯金祥，张国鸣.浙江省农作物病虫害专业化统防统治的实践与对策［J］.中国农技推广，2011，27（8）：8-10.

② 张信扬，邓国云，李练军.专业化统防统治在水稻病虫害防治中的应用［J］.植物医生，2011，24（2）：47-50.

实地考察，到田间对田地和环境进行检查，以及对与栽培有关的管理进行检查，看病部是否有病症。非侵染性病害特点如图1-4所示。

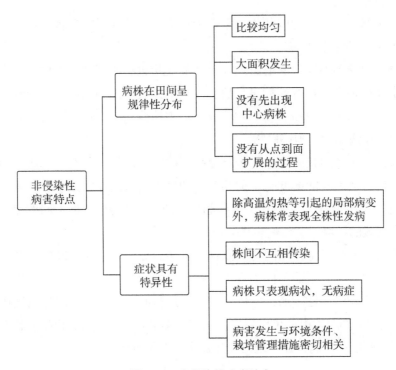

图1-4 非侵染性病害特点

除高温热灼和药害等少数情况能引起局部病变外，水害、缺素症等常导致病株全株性发病。病株表现出来的病状有很多，如发育不良、畸形生长、枯死变色等。

3.二者关系

侵染性病害会引起农作物发生非侵染性病害，非侵染性病害又会成为侵染性病害的催化剂，产生伤口，如苹果腐烂病。

（二）非侵染性病害诊断

非侵染性病害的发病面积非常大，经常发生在群体间，发病分布很均匀，没有由点到面的扩展过程，发病的部位和时间都大体相同。

1.显微镜检验

在显微镜下观察被剥离表皮并染色的病组织切片，仔细检查是否有病毒所致的组织病变[①]。

2. 环境分析

不适宜的环境会导致非侵染性病害，要注意地势、肥料、气候、土壤等环境因素和病害发生的关系，注意喷洒药物、灌溉、栽培是否存在不当操作，研究城市工厂排放的废气、废水、固体废弃物是否会导致植物中毒，将这些因素一一排查，才能找到最关键的致病原因。

3. 病原鉴定

确定非侵染性病害后，应进一步对非侵染性病害的病原进行鉴定。

（1）人工诱发

要先对疑似的原因进行研究与分析，然后人工供给相似的发病条件，通过这种方式，将病害诱发，并且仔细观察，看呈现的症状与最初分析的疑似原因是否一致[②]。

需要注意的是，人工诱发的方法是有其适用条件的，即湿度、温度、元素量均不合理，此法适于湿度、温度不适宜，元素过多或过少，药物中毒等病害。

（2）指示植物鉴定

这种方法也是有一定适用条件的，多用于鉴定缺素症病原。当可疑因子被提出后，从选择植物到种植环境都有限制条件，即选择的植物要容易缺乏此元素，并且表现得症状也很稳定、明显，便于观察，种植环境一定是在疑为缺少此元素的园林植物周边，从而鉴定园林植物有没有此元素缺乏症[③]。

（3）排除病因

病因可以通过治疗的方法来进行排除，如果经过治疗，病害明显减轻或消失了，说明病原的诊断是对的。

如果是缺素症，治疗的方法就是在土壤中补充缺少的元素，或者对病株喷洒、灌根、注射元素。如果是根腐病，就是土壤中的水分太多了，可以采取的措施是降低地下水分或开一条沟排水，这样植物的根就不会腐烂了。

① 柳意能．长沙县病虫害专业化防治发展现状与对策［J］．科技传播，2010，8（2）：102－103.

② 成卓敏．农此生物灾害预防与控制［M］．北京：中国农业科技出版社，2005.

③ 黄晞．永福县农作物病虫害专业化统防统治现状及对策研究［D］．南宁：广西大学，2012.

（4）化学诊断

化学诊断，顾名思义就是对土壤或病株的组织采用化学分析的方法，可以诊断缺素症等，化学方法主要就是测定成分、含量，与正常值进行比较，可以发现哪个成分偏多或偏少，病原就确定了[①]。

4. 症状观察

症状观察是最简单的方法，可以使用放大镜或通过肉眼来观察病株上发病部位的颜色、大小、形状、质地、气味等。

非侵染性病害没有病症，仅有病状，将病组织表面切取后消毒，在25～28 ℃温度下诱发病害，经过24～48小时的观察，没有病症发生，就能判断是病毒性病害或非侵染性病害，而非细菌或真菌引起的病害[②]。

（三）侵染性病害诊断

1. 细菌性病害

细菌性病害主要表现为腐烂坏死、畸形萎蔫。细菌性病害无孢子、菌丝，病斑表面无霉状物，但有菌脓溢出，病斑表面光滑，这是诊断细菌性病害的主要依据。从外部形态上来看，细菌性病害如表1-2所示。

表1-2 细菌性病害

表现症状	诊断依据	病害特征	举例说明
腐烂坏死	无孢子、菌丝	叶片病斑无粉状物或霉状物	
畸形萎蔫	病斑表面无霉状物	根茎腐烂出现臭黏液	
	有菌脓（除根癌病菌）溢出	果实疮痂或溃疡，果面有小突起	番茄溃疡病
	病斑表面光滑	根部青枯，根尖端维管束变成褐色	花生青枯病

需要知道的一点是，细菌性病害与真菌性病害最大的区别为是否长毛。

2. 病毒性病害

病毒性病害在多数情况下以系统侵染的方式侵害农作物，并使受害植株出现系统症状，产生矮化、丛枝、畸形、溃疡等特殊症状。病毒性病害如表1-3所示：

---

① 王雪梅.农业信息区域推送技术研究［D］.河北：河北农业大学，2014.

② 李道亮.农业病虫害远程诊断与预警技术［M］.北京：清华大学出版社，2010：21.

表 1-3 病毒性病害

侵染方式	系统症状	病毒病发生部位及症状	
系统侵染	畸形	蕨叶	叶片细长
	矮化		叶脉上冲
	溃疡		重者呈线状
	丛枝	花叶	叶片皱缩
			黄绿相间花斑； 黄色花叶鲜艳，部位下凹； 绿色花叶为深绿色，部位上凸
		卷叶	叶片扭曲
			向内弯卷

3. 真菌性病害

真菌性病害的类型繁多，病害症状也千变万化，但只要属真菌性病害，在潮湿的环境下就一定会有孢子、菌丝产生。真菌性病害的特征如下。

（1）病斑颜色

病斑上粉状物或霉状物的颜色都是不一样的，有黑色、白色、灰色、红色等。例如，黄瓜白粉病，就是在病斑处有白色粉末。

（2）病斑形状

在植株的任何部位都会出现病斑，其形状各异，有多角形、圆形、不定型、椭圆形、轮纹形。

（四）病害诊断时需要关注的问题

病害诊断时要关注的问题有以下 8 点。

① 病原不同，但可能会致使类似的症状[①]。例如，细菌、真菌等都可能会引起萎蔫性病害；稻胡麻叶斑病与叶稻瘟在发病初期，很难区分病斑。② 病原相同，寄主植物相同，但不同生长发育阶段、不同发病部位，会产生不同症状。例如，红麻炭疽病在苗期危害幼茎，植物表现为猝倒，在成株期危害茎、叶和蒴果，为斑点型。③ 病原相同，寄主植物不同，症状不同。例如，十字花科病毒病在萝卜叶呈畸形，在白菜上呈花叶。④ 病害症状受环境

---

① 张秀珍.农作物病虫草害统防统治效果显著［J］.今日农药，2011（2）：112.

影响。例如，气候湿润和干燥时，腐烂病表现的症状就不一样，前者呈现湿腐症状，后者呈现干腐症状。⑤ 类菌原体和病毒病与黄化症、缺素症等生理性病害引起的症状相似。⑥ 细菌性青枯病、根腐病和农药根部受害青枯；真菌性病害和农药药害引起的叶枯、叶斑；病毒病和激素中毒的症状等比较容易误诊、混淆。⑦ 病部在坏死组织上可能有腐生菌，容易误诊、混淆。⑧ 蔬菜作物缩二脲中毒和作物的环境伤害，如小麦缩二脲中毒与青枯病、病毒病易混淆。

第四节　农作物有害生物的危害与防治

一、农作物有害生物的危害

（一）产量减少

产量在不同时间段的变化，如图 1−5 所示。

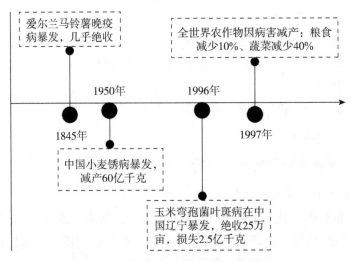

图 1−5　产量在不同时间段的变化

（二）品质下降

甜菜如果发生褐斑病，含糖量就会降低；稻瘟病导致水稻发生碎米的概率升高；小麦患锈病后面筋减少。

（三）人类与牲畜因农作物有毒物质而生病

小麦如果发生了赤霉病，被拿去磨面粉后，会直接输送到人类的市场，人类一旦食用，就会腹泻、呕吐。感染黑斑病的甘薯会产生甘薯酮，这是一种毒性非常强烈的物质，牲畜食用后，出现气喘现象，甚至死亡[①]。

（四）农作物栽培会受到限制

有时有些病害一旦发生，造成的后果及对后续的影响是非常严重的，甚至发生过病害的地区再次种植困难。例如，红麻炭疽病影响了辽宁省，几十年都不能种植[②]；木瓜病毒导致广东省至今都无法种植。

（五）农产品储藏、运输会受到影响

农作物不是只在田间会发生病害，而是在各个环节，甚至是在储藏、运输的过程中，都有可能发生病害，如白菜软腐病、水果产后病害。

二、农作物有害生物的防治

（一）整体防治

人类在防治病害的过程中，要考虑整个植物病系统，因为病原物及寄主植物会受到外界干扰（干扰行为有很多，人类的影响是不可忽略的原因之一）。它们会在这些影响下互相产生作用，出现寄生现象，从而引起作物病害。人类要做的就是要把病害造成的危害性及产生的影响减小，正确处理它们之间作用及关系[③]。

农作物的病害种类很多，且性质都有区别。因此，防治的落脚点不同，采取的防治措施也就不同，如图1-6所示。

----

① 田红，全锦莲，王立平.农作物病虫害专业化防治存在的问题及建议［J］.现代农业科技，2010（21）：228.

② 冯金祥，陈跃，钟雪明，等.农作物专业化统防统治存在的问题及对策建议［J］.上海农业科技，2010（1）：3.

③ 陈振天，孙丰年，宋婷婷.吉林市农作物病虫害专业化防治现状及发展思路［J］.吉林农业，2010（6）：92-93.

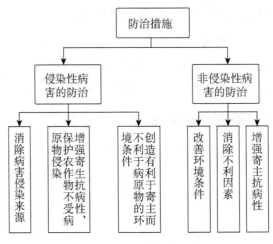

图1-6 防治措施

当地区时间不一样时，病害发生的情况就不一样，所以防治病害时，要具体情况具体对待，采取最恰当的方法。考虑的因素很多，采取措施时不但要考虑病害发生所在地的地理位置、气候，还要考虑时间问题，研究病害的发病原因、特性、规律。需要注意的是，在采取措施的时候，也可以相互借鉴，因为同类型的病害，防治措施可以通用，从而高效率消除病害。

病害一旦发生，不仅农作物会遭受伤害，在人力和物力方面也会有很大的损耗，所以针对病害的防治，一定是预防大于防治，最大程度减少病害带来的伤害，即能避免则避免。在病害到来前进行干预，在萌芽阶段将其消灭，有效减少人力、物力的投入。

整体进行防治，是在防治的过程中全面考虑，包括地区、时间、病害类型等一系列问题，综合采取的措施，最终可以达到最好的效果。不仅当下需要采用这种模式，未来在病害防治的过程中，也要采取这种模式，可以从下面这几个方面进行阐释。

1. 农业生产整体考虑

从整个农业生态体系进行考虑，遵照"预防大于防治"的模式进行防治，即提前创造一个对农作物生长有利的条件，这个条件需要不适于病虫害发生，适于有益生物繁殖[1]。

---

① 张秀珍. 农作物病虫草害统防统治效果显著 [J]. 今日农药，2011（2）：112.

2.防治方法得当

在病虫害防治的过程中，要综合采取防治措施，但是这样的措施是在综合考虑环境的地区、气候等各项因素的情况下，选用最恰当的措施，而非方法齐上，越多越好，叠加使用，这样可能会适得其反。

3.整体防治考虑因素

整体防治要考虑的因素很多，但是最主要有以下 3 点：第一，要有效，防治的最终目的是取得显著的效果；第二，要经济，不能一味地防治，投入大量的资金，要考虑最终的效果，或者说最终想要得到的收益是否值得去投入；第三，要安全，在从事任何活动或工作时，安全是首要考虑的问题，只有在保证安全的前提下，工作的进行才是有必要，或者说有意义的[①]。

（二）农作物有害生物防治措施

1.诱导抗性

不一样的功能谱、信号传递方式都可以作为研究依据，在长期坚持不懈的研究下，发现了诱导抗性，并且有很多不同类型，如诱导系统抗性、系统获得性抗性。

作物的营养、环境、基因等都会影响诱导抗性的表达，而其作用的影响等方面的研究虽然有一定进步，但还没有很深刻的理解与探究[②]。所以想要保护农作物，就要对诱导抗性的正确与合理的使用进行实践研究。

2.农作物病害生态防治

农作物病害的发生，最根本的原因就是生态系统失去平衡。生态系统包括农作物所处的环境因素，以及病原生物、寄主植物等生物因素，它们之间相互作用导致生态失衡。所以农作物病害生态防治方法就是要对已经失去平衡的生态系统进行调控，可以采取相关方法及措施，如绿色化学，可以使植物生态系统恢复健康，病原生物的危害性及种群数量都不超过三大效益允许的阈值。

植物不遭受病害，健康发育、生长良好，以及生态环境良好，是人们的最终期望，调控生态系统为生态防治技术提供了基础依据，这项技术受到人

---

① 冯金祥，陈跃，钟雪明，等.农作物专业化统防统治存在的问题及对策建议［J］.上海农业科技，2010（1）：3.

② 农业部种植业管理司植保植检处.全国病虫专业化统防统治发展现状及思路［J］.青海农技推广，2010，1：11-15.

们的青睐，成为非常重要的方法。

但是在实际实践中，还是存在很多问题。一方面是防治病害不能单靠一项技术，而是要综合应用；另一方面是没有在受众群体中普及，很多农民仍然采取化学农药这种方式解决病害。所以想要广施这项技术，首先就需要一段较长的时间，不能急于求成；其次是需要有关部门配合，积极引导并鼓励农民在治理病害时使用生态防治技术[①]。这样的良性措施才能够促进绿色农业可持续发展，保护生态环境。

3. 微生物代谢产物及植物病害生物防治

多年来，微生物代谢产物都被作为杀菌剂或新型杀菌剂的前导分子进行应用，如有效菌素等。

在对农作物病害进行有效防治的过程中，利用有益微生物及微生物代谢产物共同作用的技术方法就是生物防治。中国生物农药资源基因工程等研发了不少生物防治的药品，这些药品在植物病害防治方面有非常显著的效果。

4. 农作物病害中壳聚糖的作用

壳聚糖，作为有机改良剂被应用在农作物病害的治理中，效果显著。它可以促进植物的根系生长、发育等，也可以抑制作物的病原菌，提高作物质量的同时提升产量。

壳聚糖对真菌，如黑霉菌等也有抑制作用，可以制成非常有效的杀菌剂，它对病原菌的抑制原理、机制、规律、效果等方面的研究很多，是一种高分子化合物，并且具备生物活性，应用范围很广。

在农业中，需要防治土壤传播的病害时，它可以作为土壤改良剂；需要提高农作物的抗病性时，可以作为植物的生长调节剂。

5. 植物内生菌

植物内生菌的种类非常多，分布的范围也很广，在已经有所研究的水生和陆生植物中几乎都含有植物内生菌。如果植物感染了内生菌，就会出现生长得非常快、对病害抵抗力增强的现象，使植物生命力变得顽强。

植物内生菌通过水解酶类、抗生素类植物生长调节剂，以及生物碱类物质和病原菌争抢营养物质，用以增强植物抵抗力。

---

① 张武云.山西省农作物病虫害专业化统防统治现状与发展思路［J］.中国植保导刊，2011，31（12）：49–51.

6. 植物源活性成分

植物在进化时会与环境因素有长期的相互作用，在这个过程中会有植物的次生代谢产物，它在协调植物和环境之间的关系、提高竞争、保护能力等方面起很关键的作用。

对植物的次生代谢物质防治植物病害进行研究时，可以将植物中的有效成分提取后制成有机复合肥，进行再利用，可以节约成本。

第二章

主要农作物病虫害防治技术

第一节　玉米病虫害防治技术

玉米分布非常广，是中国西南、北方地区粮食的主要来源之一，在产量、种植面积上仅次于水稻和小麦，如此重要的粮食，一旦遭受病害，将带来很大的损失，因此，玉米病虫害防治势在必行[①]。

一、玉米病害

玉米经常发生的病害有灰斑病、大斑病等，全球 80 多种的玉米病害中，中国就有 30 多种。病害发生后，玉米的产量、质量都会下降，造成经济损失。

（一）玉米大斑病

玉米大斑病在田间发病是从下部叶片开始，逐渐向上扩展，其症状及防治措施如表 2-1 所示。

表 2-1　玉米大斑病症状及防治措施

危害时期	危害部位	典型症状	防治措施	
整个生育期	叶片、叶鞘、苞叶、籽粒	病部会出现灰绿色水渍状小斑，随后沿叶脉方向发展为梭形黄褐色大斑，中间颜色较浅，边缘深	种植抗病品种	栽培管理：①避免病害发生应适当早播；②施足基肥，适时追肥以提高寄主抗病能力，氮、磷、钾合理配合；③合理密植，降低田间湿度
		病斑长 5 ~ 22 厘米，宽 1 ~ 4 厘米，田地湿度大时产生黑色霉状物		药剂防治：从心叶末期到抽雄期用 70% 代森锰锌等，每 7 天喷 1 次，连续喷药 2 ~ 3 次
		叶鞘、籽粒和苞叶病部呈现灰褐色梭形斑		

① 刘星兰，戴爱梅，陈志.农作物病虫害专业化统防统治的形式及成效［J］.植物医生，2012，25（4）：47-48.

该病在田间诊断主要有两个要点：一是看叶片上是否出现梭形大斑，大斑长度一般为 10 厘米左右；二是看病部有无灰黑色的霉状物出现。

（二）玉米小斑病

玉米小斑病是从下部叶片开始发病，逐渐向上扩展，其症状及防治措施如表 2-2 所示。

表 2-2　玉米小斑病症状及防治措施

危害时期	危害部位	典型症状	防治措施	
苗期到成株期	叶片、叶鞘、苞叶、籽粒、果穗	先出现水渍状小点，随后病斑变为边缘色深的黄褐色或红褐色斑点	种植抗病品种	栽培管理：①低洼地及时排水，降低田间湿度，加强土壤通透性，注意除草；②施足基肥，适时追肥以提高寄主抗病能力，平衡施用氮、磷、钾
				药剂防治：从心叶末期到抽雄期用 70%甲基硫菌灵、75%粉锈宁等，每 7 天喷 1 次，连续喷药 2～3 次
				保持卫生：减少菌源，及时打除底叶消灭遗留在田间的病残体

玉米小斑病在不同品种叶片上的病斑可以有 3 种类型，如图 2-1 所示。

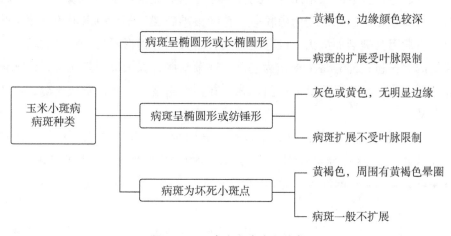

图 2-1　玉米小斑病病斑种类

（三）玉米褐斑病

玉米褐斑病症状及防治措施如表 2-3 所示：

表 2-3　玉米褐斑病症状及防治措施

危害时期	危害部位	典型症状	防治措施
整个生育期	叶片、叶鞘、茎秆	顶部叶片尖端出现浅黄色椭圆形病斑，渐渐变为黄褐色	农业措施：①施足基肥，适时追肥，以提高寄主抗病能力，平衡施用氮、磷、钾；②低洼地及时排水，降低田间湿度，加强土壤通透性，注意除草
		叶脉及叶鞘上产生褐色病斑，后期表皮破裂，叶细胞组织坏死，散出褐色粉末，维管束及叶脉残存如丝状	药剂防治：用 25% 粉锈宁可湿性粉剂、50% 多菌灵等加入叶面宝，每 7 天喷 1 次，连喷施 2~3 次

（四）玉米丝黑穗病

玉米丝黑穗病属于苗期的系统性侵染病害，表现的症状为发育不良、受到病害的苗矮化、节间缩短、整株的形状不直、叶片非常密集。这些症状基本在 6~7 叶期呈现。

但是绝大多数的玉米品种，到穗期才会渐显症状：顶端小基部大、雌穗不大、不吐花丝、果穗变为黑粉苞、苞叶很难破裂、不会散出黑粉，而苞叶会在后期因为破裂而散出。雄穗受到病害后大部分穗形不变，极少数较小的穗变成黑粉苞；部分将主梗作为基础，逐渐膨胀，长大成为黑粉苞，外部包裹白色的膜，黑粉在膜破裂后露出来。花器严重变形，无法形成雄蕊，颖片又大又长[①]。

黑粉很难散出是因为它会结块，且其内部有丝状寄主维管束组织；在黑粉飞散后，这些丝状物才会露出来，所以叫丝黑穗病。防治措施有以下 4 点。

---

① 吴新平，朱春雨，刘杰民.专业化统防统治发展形式展望［J］.农药科学与管理，2010，31（5）：13-14.

1. 选择抗病品种

考虑地域及环境，选择抗病品种，将感病品种淘汰，可以有效防治病害。

2. 合理栽培

考虑不同地区的病情，科学合理安排轮作，如果某地区病害非常严重，可以选择高粱或其他非玉米作物进行 3 年以上轮作。还要考虑播种期，不能早播，播种要因地制宜，提升播种质量，种子也能尽早发芽。

3. 及时除病株及杂草

病株会携带一定的病菌，所以在病穗还没有裂开散出冬孢子的时候，就要将其拔除，除此之外，杂草也要及时清理。

4. 药剂防治

针对丝黑穗病，使用三唑类杀菌剂拌种防治最有效。例如，12.5% 腈菌唑乳油 100 毫升兑 8 升水，混合后拌种子 100 千克，风干后播种。

（五）玉米黑粉病

玉米黑粉菌导致玉米发生黑粉病，是一种常见的病害。玉米黑粉病可以侵染玉米幼苗，以及穗、茎节、叶片、芽、根的幼嫩分生组织，被病害侵染后的部位会出现大小、形状不一的病瘤。病瘤会由最初的白色逐渐变为黑色，并且在外膜破裂后散出黑粉。雄穗的一部分小花遭受病害后生出囊状密集型小瘤，穗轴会因瘤而弯曲、畸形。防治措施主要有以下 3 点。

1. 选择抗病品种

选择抗病品种是最经济的方法，可以有效防治病害。

2. 农业防治加强

因地制宜，科学合理安排轮作，不同品种 3 年以上进行轮作。还要考虑播种期，不能早播，播种时深度适宜，提升播种质量，种子也能尽早发芽。

合理密植，施足基肥，适时追肥以提高农作物的抗病能力，平衡施用氮、磷、钾肥。抽雄前后感病时期，要及时灌溉，保证水分供应充足，还要及时除杂草及病株，病株最好在距离田间很远处深埋，减少感染。

3. 药剂防治

针对黑粉病，种子包衣或药剂拌种进行防治最有效。例如，选择 20% 辛酮种衣剂，如果病害比较严重，可以再加入多菌灵等杀菌剂，增强防治效果。

（六）玉米粗缩病

玉米粗缩病毒导致粗缩病，其依靠灰飞虱传播，并且玉米在苗期遭受病害后，产生的影响最为严重，症状在 5~6 叶期逐渐呈现，从心叶中脉两侧出现透明斑点到全叶呈细线条状变化，叶背面的侧脉和主脉上都会出现突起，并且长短不一，呈白色蜡状[①]。

玉米基部粗短、叶片浓绿、节间变短，或者部分叶片变厚变宽、矮化，发病较晚的，顶部节间变短，雄穗无法抽出，或者能抽出但无法结实。防治措施主要有以下 3 点。

1. 选择抗病品种

仅有对玉米粗缩病较耐病的品种，没有完全免疫玉米粗缩病毒的品种。

2. 合理栽培

要考虑播种期，不能早播，也不能在 5 月中下旬播种（5 月正是灰飞虱传播病毒的时候）。

3. 药剂防治

苗期害虫可以用呋喃丹种衣剂进行包衣防治。对于早播玉米，出苗前后需要喷 2 次抗蚜威等杀虫剂，还可喷植病灵等减轻发病，促进幼苗生长。

二、玉米虫害

（一）黏虫

黏虫对玉米造成极大危害，可致玉米产量减少 20% 左右。其成虫傍晚才出来取食、交配，白天则藏匿在植株、草丛等地方，且具有很强的飞翔力，可远距离迁飞。成虫产卵在枯叶上，醋、糖、酒混合后对成虫有很大吸引力。幼虫不仅啃食叶片，还可将穗茎咬断，导致玉米产量急速下降。它的防治措施如下。

①诱杀成虫，如图 2-2 所示。

---

① 吴新平，朱春雨，刘杰民.专业化统防统治发展形势展望［J］.农药科学与管理，2010，31（5）：13–14.

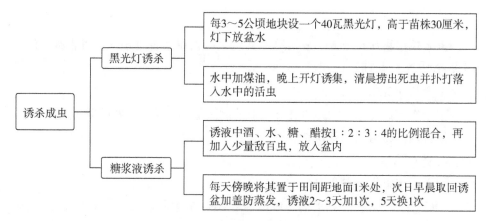

图2-2　诱杀成虫防治措施

② 草把诱卵和药剂防治，如图2-3所示。

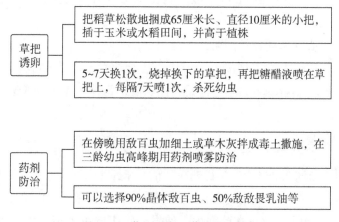

图2-3　草把诱卵和药剂防治措施

（二）玉米螟

玉米螟，又称钻心虫，繁殖速度快，危害长久，是玉米的大敌。不仅可以在玉米的生长期，也可以在冬季进行防治，根据玉米螟的生活规律，可以在来年之前，提前有效预防、除害，防治措施主要有以下4点。

1. 及时处理玉米秸秆

将玉米秸秆碾碎，混合农家肥发酵腐熟，可以有效治理虫卵。虫害严重时需要烧毁。及时除杂草及病株，遭受虫害的玉米、脱粒后的玉米棒不能留在田间，要远离处理。

2. 使用性诱剂

玉米螟很喜欢在玉米、麦田等地交尾，可以在这些地方设置诱捕器，1公顷设置 15 个最合理。

3. 采用黑光灯

玉米螟有趋光性，可以在玉米产区距离房屋 15 米以外处设置黑光灯，灯下面设置药池，可以有效诱杀。

4. 药剂防治

（1）玉米穗期药剂保护

可以用 18% 杀虫双水剂 500 倍液、90% 晶体敌百虫、50% 敌敌畏乳剂 800 倍液等灌注雄穗。

（2）药液点花丝

玉米授粉成功后，在幼虫还没有集中在花丝为害前，在带有细塑料管的瓶中装入 50% 敌敌畏乳剂 800 倍液，滴在雌穗顶端的花丝基部，几滴就可以有效杀死幼虫。

（3）玉米心叶末期颗粒剂防治

25% 西维因可湿性粉剂按 1 : 50 混细土配成毒土，撒入心叶，每株 2 克，或者选择 1.5% 辛硫磷颗粒剂按 1 : 15 拌煤渣，每株 1 克，或者选择 3% 呋喃丹颗粒剂[①]。

（三）玉米蚜虫

玉米蚜虫苗期在心叶内、孕穗期在叶鞘上和剑叶内刺吸，在吸食玉米汁的同时排泄蜜露，且量非常大，甚至可以完全覆盖叶面，导致光合作用难以完成。

蚜虫产生的危害导致真菌寄生，使发生病害的玉米植株生长缓慢、发育不良，产量迅速下降。在干旱年蚜虫带来的危害与损失更大，因为孕穗期喷药防治很难。

针对玉米蚜虫，防治措施主要有以下 3 种。

1. 玉米果穗涂药剂

在玉米果穗以上的 1~2 节处涂 40% 氧化乐果乳剂 100 倍液，每株涂 7~10 厘米宽。

---

① 欧高财，唐会联，尹惠平. 湖南农作物病虫害专业化统防统治模式探索与发展［J］. 中国植保导刊，2013，33（4）：59–63.

2. 药剂防治

可以选择 20~30 克 10% 大功臣可湿性粉剂、50~100 克 10% 吡虫啉可湿性粉剂，兑 40~50 千克的水，进行喷洒。

3. 熏蒸蚜虫

在玉米蚜虫刚开始为害时，用 0.5 千克 80% 敌敌畏和 0.5 千克 40% 氧化乐果乳剂，兑水 50 千克制成药液，再把麦秸剪成大约 8 厘米长，放入药中浸泡 1 小时后取出，插入玉米心叶内，每个玉米心叶内可插 3 根。

（四）地老虎

地老虎，俗称切根虫等，春播作物的幼苗期是其猖獗时期，带来的危害巨大，可以导致缺苗断垄，也有可能导致毁种。

地老虎的防治措施比较多，有以下 6 种。

1. 堆草诱捕

在田间每 6~7 平方米放一堆鲜草，占地约 0.1 平方米，一定要在傍晚时放置，次日清晨翻草杀虫，持续 5~10 天，每 3~4 天换 1 次，可有效消灭幼虫。鲜草如果被晒干了，可以洒清水 [①]。

2. 叶诱杀法

泡桐树叶非常吸引地老虎幼虫，傍晚在田间每 5~8 平方米放 1 片用清水泡湿的老泡桐树叶，次日在叶下消灭幼虫；也可在田间放 90% 晶体敌百虫 150 倍液浸泡的泡桐树叶，直接杀死幼虫，药效长达 7 日。

3. 毒饵诱杀

在 100 千克炒香的麦麸上洒药液，药液是将 1 千克 90% 晶体敌百虫用热水化开并兑 10 千克水制成的，在傍晚将洒好药的麦麸沿着玉米根部施撒，大约每亩 5 千克，可以取得良好的成效 [②]。

4. 毒草诱杀

将 500 克 2.5% 敌百虫粉剂与 30~40 千克鲜杂草混合搅拌，鲜杂草需为 2 厘米左右，在傍晚将拌匀后的毒草撒在田间除虫。

---

① 邵振润.农业病虫发生概况及农药市场与统防统治工作浅析［J］.今日农药，2010，10：30~34.

② 1 亩 ≈ 666.7 平方米。

5. 利用黑光灯、糖醋液对成虫进行诱杀

6. 药剂防治

将 1.5~2 千克 2.5% 敌百虫粉剂和 10 千克细土拌匀，撒在玉米周围，可以杀死 3 龄前的地老虎幼虫；50% 辛硫磷乳油可以杀死成虫 [①]。

第二节　小麦病虫害防治技术

在中国，小麦无论是产量，还是种植面积，都仅次于水稻，可见其作为粮食的重要性。小麦种植于东北、西北、华北，以及长江流域等地区，分布广泛的地区一旦发生病虫害，就会造成小麦产量的骤减和品质的下降。

一、小麦病害

在中国也曾发生过较为严重的小麦病害，如小麦白粉病、小麦纹枯病等 20 余种。根据全球小麦病害显示，其种类高达 200 余种，可以说是非常之多了。

（一）小麦锈病

小麦锈病的种类主要有以下 3 种。

1. 小麦条锈病

小麦条锈病发生在西北春麦区，西南、黄淮海冬麦区，是 3 种锈病中产生危害最严重、影响范围最广的病害，一旦发生，就会造成极大的损失，如图 2-4 所示。

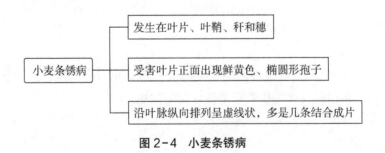

发生在叶片、叶鞘、秆和穗

小麦条锈病　　受害叶片正面出现鲜黄色、椭圆形孢子

沿叶脉纵向排列呈虚线状，多是几条结合成片

图 2-4　小麦条锈病

---

① 吴新平，朱春雨，刘杰民.专业化统防统治发展形势展望［J］.农药科学与管理，2010，31（5）：13-14.

2. 叶锈病

叶锈病如图 2-5 所示。

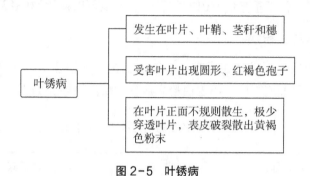

图 2-5 叶锈病

3. 秆锈病

秆锈病主要发生在小麦叶鞘、茎秆、叶鞘基部，严重时在麦穗的颖片和芒上也有发生，产生很多深红褐色、长椭圆形夏孢子堆。

以上 3 种小麦锈病的症状有时容易混淆。田间诊断时，可根据"条锈成行叶锈乱，秆锈是个大红斑"加以区分。在我国小麦条锈病是 3 种锈病中发生最广、危害最重的病害，主要发生于西南、黄淮海等冬麦区和西北春麦区，流行年份可造成巨大损失。

小麦锈病防治措施，如图 2-6 所示。

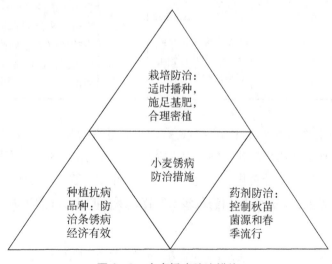

图 2-6 小麦锈病防治措施

其中药剂防治主要选择戊唑醇、粉锈宁、丙环唑等三唑类，以及醚菌酯、嘧菌酯等甲氧基丙烯酸酯类杀菌剂。粉锈宁按照麦种重量的 0.03% 拌种，速保利可按种子重量的 0.01% 拌种，有效期可以持续 50 多天[①]。

（二）小麦白粉病

小麦白粉病不仅发生在小麦上，还发生在别的植物上，如雀麦、黑麦等几十种植物，危害范围广。小麦白粉病症状及防治措施，如表 2-4 所示。

表 2-4　小麦白粉病症状及防治措施

危害时期	危害部位	典型症状		防治措施
小麦各生育期	叶片、叶鞘、茎秆、穗部	病部表面附有一层白色粉状霉层	种植抗病品种	农业防治：①越夏区麦收后及时耕翻灭茬，铲除自生麦苗，减少秋苗期的菌源；②合理施肥，增施磷、钾肥；③控制种植密度、改善田间通风透光，减少感病率；④南方麦区注意开沟排水，北方麦区适时浇水，可使植株健壮，抗病力增强
		霉层下面及周围寄主组织褪绿，病叶黄化、卷曲、干枯		
		霉层变灰色或灰褐色，上面散生黑色小颗粒		药剂防治：①播种期拌种：用粉锈宁拌种进行防治，用药量为种子重量的 0.03%，不影响出苗；②春季喷药防治：病叶率达到 10% 或病情指数达到 1 以上的，进行喷药（醚菌酯等）防治
		叶面病斑多位于叶背，下部叶片较上部叶片受害重		

小麦各生育期均可发生小麦白粉病，主要危害叶片，严重时也可危害叶鞘、茎秆和穗部；典型症状为病部表面附有一层白色粉状霉层，霉层下面及周围寄主组织褪绿，病叶黄化、卷曲、干枯；后期霉层变为灰色或灰褐色，上面散生黑色小颗粒，一般叶面的病斑多于叶背，下部叶片较上部叶片受害重。

---

① 刘星兰，戴爱梅，陈志．农作物病虫害专业化统防统治的形式及成效［J］．植物医生，2012，25（4）：47-48.

（三）小麦根腐病

全球各国，只要有种植小麦的，就一定发生过小麦根腐病。这种病害极易发生，不仅分布广，而且受气候环境的影响。在干旱、潮湿的环境下，一般发生的是根腐型病症，潮湿的环境会加速病害的发生，还会出现茎枯、叶斑等病症。

① 遭受严重病害的种子难以发芽，即使发芽了，在还没有出土前芽鞘就已经变成褐色并腐烂。如果遭到的病害比较轻，幼苗可以出土，但是病斑已经在叶鞘、根部和茎基部产生，会影响幼苗的健康成长。

② 发病早期或土地干旱的时候，幼叶会呈现出梭形斑，梭形斑中部颜色浅，外部边缘是黑褐色。发病后期或土地湿度高时，老叶会出现黄褐色的斑，这些斑的形状不规则，并且有黑色霉状物产生，病害发展到严重程度时叶片枯死[1]。叶鞘的边缘也会产生斑，斑呈黄褐色云状，其中也有白色、褐色的斑点。

③ 穗部在灌浆期就开始出现病害的症状，即在颖壳出现病斑，病斑形状不规则，为褐色，小穗梗、穗轴的颜色都会变化，受潮湿环境影响，会有一层黑色霉状物长出。严重时小穗枯死，结干瘪的病粒，甚至不结粒。

④ 籽粒如果遭受病害，在种皮上会出现病斑，这些病斑形状不定，中部和边缘分别呈褐色与黑褐色，病害严重的情况下，胚部会变成黑色，称为黑胚病。

针对小麦根腐病采取的防治措施，如图 2-7 所示。

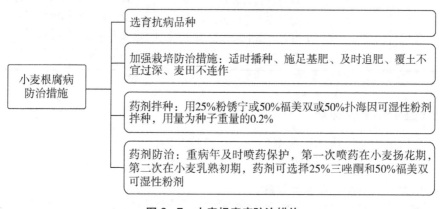

图 2-7　小麦根腐病防治措施

---

[1] 邵振润. 农业病虫发生概况及农药市场与统防统治工作浅析［J］. 今日农药，2010，10：30-34.

（四）小麦赤霉病

小麦赤霉病发生范围非常广，小麦的产量、质量都会受到影响，减产降质会严重影响小麦的收成，以及导致食用的人、牲畜生病，出现腹痛、呕吐等症状。小麦赤霉病症状及防治措施，如表2-5所示。

表2-5　小麦赤霉病症状及防治措施

危害时期	危害部位	典型症状		防治措施
小麦各生育期	苗、茎秆、穗部	苗期出现枯苗，成株期出现茎基腐烂和穗枯	选育和推广抗病品种	农业防治：①消灭或减少菌源数量；②播种时精选种子，减少种子带菌率；③控制氮肥施用量，合理施肥，追肥不能过晚；④小麦扬花期应少灌水，不能大水漫灌，注意排水降湿
		发生病害的小穗最初在基部变水渍状，后渐失绿褪色且出现褐色病斑，严重时整个小穗或后期的穗子全部枯萎，呈灰褐色		
		田间潮湿时，病部产生粉红色胶质霉层，后期病部出现紫黑色粗糙颗粒		药剂防治：①种子处理：防治芽腐和苗枯，可用50%多菌灵，每100千克种子用药100~200克湿拌；②喷雾防治：防治穗腐，最适宜的施药期是小麦齐穗期至盛花期，施药（多菌灵等）宁早勿晚
		籽粒发病后皱缩干瘪，变为苍白色或紫红色，有时籽粒表面有粉红色霉层		

（五）小麦全蚀病

全球小麦全蚀病的发病率很高，并且波及地区很广，病害主要发生在根部。病害一旦发生，会产生非常严重的后果，因为其蔓延速度快，导致田地的植株大面积枯死，降低穗粒数。

小麦无论是在苗期，还是在成株期，都有可能产生病害，只是在成株期表现出的症状更为明显。病原菌在幼苗时侵染地下茎、种子根，使次生根腐烂变黑。茎部老叶黄化、心叶内卷，生长衰弱，甚至死亡。冬麦在返青期与拔节期之间，返青行为会推迟，并且根部变黑，病苗稀疏矮小[①]。在潮湿环境中，拔节后茎秆表面及茎基部 1~2 节叶鞘内部会产生菌丝层，形成"黑脚"，这也是全蚀病的特有症状。

在小麦病害严重的时候，地上部分会出现矮化症状。病菌扩展只会在茎基部位的 1~2 节，发病后，抽穗灌浆时，植株出现早枯的症状，形成"白穗"。发病严重的情况下，整片田地的小麦都会枯死。小麦快成熟的时候，如果环境潮湿，病株在接近地面的叶鞘内侧会有颗粒状突起，这些颗粒呈黑色。

防治措施有以下 4 种。

1. 合理轮作

在发生严重病害的区域，轮作倒茬能够控制全蚀病的危害，在发生病害的植株种植密度较低的区域，病害的蔓延能够延缓。合理的轮作要因地制宜，如烟草、花生都要 1~2 年就和非寄主作物轮作一次。

2. 加强检疫

病区的种子不能进入无病区，麦秸虽作为包装的材料，但也不能运出病区。如果必须要从病区调取种子，就要加强检疫，可以在播种前用 0.1% 甲基硫菌灵把种子浸泡 10 分钟，将其表面的病原菌扼杀。

3. 药剂防治

药剂防治可以使得防病效果显著，用 12% 三唑醇按种子重量的 0.02%~0.03% 拌种。

4. 栽培管理

增施有机肥，平衡施用氮、磷、钾肥。

（六）小麦纹枯病

小麦纹枯病是非常常见的一种病害。小麦纹枯病症状及防治措施，如表 2-6 所示。

---

① 李秀华. 试论农业技术推广的基本涵义及传播模式［J］. 农业与技术，2012，32（9）：215-216.

表 2-6　小麦纹枯病症状及防治措施

危害时期	危害部位	典型症状	防治措施	
小麦各生育期	芽、苗、茎秆、穗部	烂芽：种子发芽后，芽鞘受侵染颜色变褐，然后烂芽枯死，不能出苗	种植抗病品种	加强栽培管理：①增施有机肥，平衡施用氮、磷、钾肥，避免大量施用氮肥；②小麦返青期追肥不宜过重。重病地块适期晚播，控制播量，做到合理密植；③田边地头设置排水沟以防止麦田积水，灌溉时忌大水漫灌
		病苗死苗：小麦 3~4 叶期发生，在第一叶鞘上呈现中央灰白、边缘褐色的病斑，严重时因抽不出新叶而死苗		
		花秆烂茎：①下部叶鞘出现病斑，产生中部灰白色、边缘浅褐色的云纹状病斑，多个病斑相连接，形成云纹状的花秆；②病斑向上扩展，并向内扩展到小麦的茎秆，出现椭圆形的"眼斑"，病斑中部灰褐色，边缘深褐色，两端稍尖；③田间湿度大时，病叶鞘内侧及茎秆上可见蛛丝状白色的菌丝体，以及由菌丝纠缠形成的黄褐色的菌核		药剂防治：①种子处理：用种子重量 0.2% 的 33% 纹霉净（三唑酮加多菌灵）可湿性粉剂，或者用种子重量 0.03%~0.04% 的 15% 三唑醇（羟锈宁）粉剂等拌种；②喷雾防治：可选择 23% 宝穗水乳剂、15% 三唑酮、12.5% 烯唑醇等，还可兼治小麦锈病和小麦白粉病
		倒伏：茎部腐烂导致倒伏		
		枯孕穗：①发病严重的主茎和大分蘖常抽不出穗，形成枯孕穗；②有的能够抽穗，但结实减少，籽粒瘪瘦，形成枯白穗		

二、小麦虫害

小麦几乎每个时期都会遭受虫害，并且虫害的种类也不同，小麦播种阶段、收获阶段，以及储藏，无不受到侵害。据调查与统计显示，在中国小麦的害虫就有 237 种，主要害虫高达 57 种，如小麦吸浆虫、棉铃虫等。

（一）小麦蚜虫

小麦蚜虫种类非常多，如麦二叉蚜、麦长管蚜等，这两类病害产生的危害最大最重，除了小麦，玉米、高粱等也会受到侵害[①]。蚜群在叶片等部位刺吸汁液，造成危害，使小麦的生长发育受到很大阻碍，蚜虫分泌的蜜露也会导致受害部位产生真菌，使叶片光合作用受到威胁。

针对小麦蚜虫造成的危害，有两点防治措施，如图2-8所示。

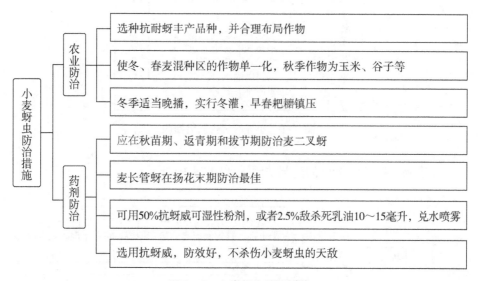

图2-8　小麦蚜虫防治措施

（二）小麦吸浆虫

在全球主要种植小麦的地区，如欧洲、美洲、亚洲都会出现小麦吸浆虫，其分为黄、红两色，体长分别为2~2.5毫米和3~3.5毫米。其幼虫会钻进颖壳里吸食灌浆籽粒和小麦花器的浆液，使小麦瘪粒、空壳，导致产量大大降低，病害规模达到一定程度时，就完全没有收成了[②]。成年吸浆虫为黄色或橘红色，比较隐蔽，体长约2~2.5毫米。

---

① 韦学能，莫进雄，莫海南.创新发展模式积极推进农作物病虫害专业化统防统治工作：平南县保得丰植保农化有限公司开展农作物病虫害专业化统防统治工作概述［J］.广西植保，2012，25（1）：34-36.

② 张启勇，曹辉辉，闫德龙.扎实推进专业化统防统治工作大力提高安徽省农作物病虫害防控水平［J］.安徽农学通报，2011，17（5）：103-104.

小麦吸浆虫防治措施，如图 2-9 所示。

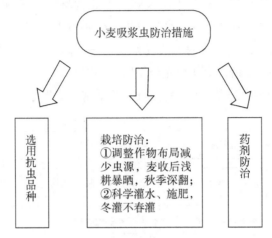

图 2-9 小麦吸浆虫防治措施

小麦吸浆虫防治措施的药剂防治，如图 2-10 所示。

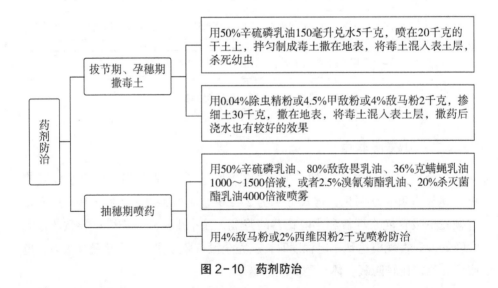

图 2-10 药剂防治

（三）小麦螨类

麦叶螨可以分为麦岩螨、麦圆叶爪螨两种，它们有很多俗称，比如麦虱子、火龙等。除了小麦，麦叶螨也会对豌豆等产生危害，若虫和成虫会导致小麦的叶片枯黄、干枯。

麦岩螨的成虫呈绿色或紫红色，形状是中间圆两头尖，四对足，第二、第三对相较于第一、第四对足都比较短。

防治措施主要有以下两点。

① 冬天、春天的时候对麦田实施灌溉，并除杂草。麦田收割后要浅耕灭茬。

② 在最初麦叶螨产生的时候就要及时将其危害降到最低，进行有效防治：可以使用 40% 三唑磷乳油等兑水进行喷洒。如果产生比较严重的危害就要用 50% 马拉硫磷乳油等药品兑水进行喷洒。

三、麦田杂草

冬小麦会受到两类杂草的侵害：禾本科与非禾本科。前者的幼苗与小麦苗相似，容易混淆，常见的有节节麦、雀麦等；后者从外观上看很容易区分，如米瓦罐、苦苣菜等。

秋季小麦分蘗期是除杂草最主要的时期，另外，春季小麦返青期也要防治。如果杂草有荠菜、播娘蒿等，可以用 20% 的使它隆乳剂于杂草 2~3 叶期喷雾防治，需要注意喷雾不能作用于双子叶作物；如果杂草有猪殃殃等，可以使用 75% 的巨星干燥悬浮剂、10% 苯黄隆可湿性粉剂于杂草 2~3 叶期喷雾。

第三节　棉花病虫害防治技术

一、棉花播种期病虫害防治

每年的 4 月中下旬到 5 月上旬是棉花的播种期，要进行病虫的防治。

（一）病害种类

棉花的播种期容易遭受的病害有褐斑病、炭疽病、角斑病、茎枯病、轮纹斑病、疫病、红腐病等。

（二）病害防治措施

1. 播种温度及深度

播种要考虑地温：距离地面 5 厘米土地的位置，温度也能稳定在 12 ℃以上的时候，就可以施足底肥，开始播种了[①]。

2. 处理种子

处理种子的流程，如图 2-11 所示。

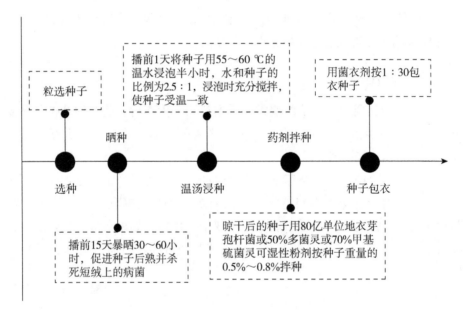

图 2-11　处理种子的流程

二、棉花苗期病虫害防治

每年的 5 月上旬到 6 月上旬是棉花苗期，也有要防治的病虫害。

（一）病虫害种类

棉花苗期容易遭受的病虫害有炭疽病、蓟马、盲蝽、蚜虫、叶螨、茎枯病、立枯病、红腐病、角斑病、地老虎等。

---

① 陈亮，浦冠勤.化学防治与生物防治在害虫综合防治中的作用［J］.中国蚕业，2008，29（4）：84-86.

（二）病虫害的防治措施

1. 防治病害

用 1.8% 辛菌胺醋酸盐水剂或 80 亿单位地衣芽孢杆菌水剂或 45% 代森锌 500~800 倍液常规喷雾。

2. 防治蓟马、盲蝽

将 10% 吡虫啉乳油、4.5% 高效氯氰菊酯乳油等药剂喷洒于田间，用量遵照说明书常规量。

3. 防治蚜虫、叶螨

将 1.8% 阿维菌素乳油、19% 克蚜宝乳油等药剂喷洒于田间，用量遵照说明书常规量。

4. 防治地老虎

用麦麸、敌百虫拌菜叶制成毒饵，用以防治地老虎。

三、棉花蕾期病虫害防治

每年的 6 月中旬到 7 月中旬是棉花蕾期，也有要防治的病虫害。

（一）病虫害种类

棉花蕾期容易遭受的病虫害有棉花枯萎病、盲蝽、棉铃虫、蓟马、红蜘蛛等。

（二）病害防治措施

1. 防治棉花枯萎病

首先选择品种的时候就要选择抗病品种，这个步骤能大大减少病害的发生。如果有病害，就用 1.8% 辛菌胺醋酸盐水剂 200~300 倍液喷洒，喷 2~3 次，每次间隔 10~14 天[①]。

2. 棉铃虫防治

棉铃虫的防治措施，如图 2–12 所示。

---

① 陈万权.小麦重大病虫害综合防治技术体系［J］.植物保护，2013，39（5）：16–24.

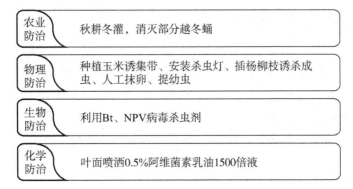

图 2-12　棉铃虫的防治措施

四、棉花花铃期病虫害防治

每年的 7 月下旬到 9 月中旬是棉花花铃期，也有要防治的病虫害。

（一）病虫害种类

棉花花铃期容易遭受的病虫害有象鼻虫、红铃虫、造桥虫、棉铃虫、红蜘蛛、棉花伏蚜、红铃虫、细菌性角斑病、角斑病等。

（二）病虫害防治措施

1. 象鼻虫防治

用 4.5% 高效氯氰菊酯和柴油喷雾进行喷洒。

2. 红铃虫、造桥虫、棉铃虫防治

用 35% 毒死蜱·敌敌畏乳油、50% 辛硫磷乳油、12% 毒·高氯乳油 800~1000 倍液进行喷洒。

3. 角斑病防治

用 77% 氢氧化铜可湿性粉剂或 80 亿单位地衣芽孢杆菌水剂等进行喷洒防治。

五、棉花吐絮期虫害防治

每年的 9 月中旬到 10 月中旬是棉花的吐絮期，也有要防治的虫害。

（一）虫害种类

棉花的吐絮期容易遭受的虫害有造桥虫。

（二）虫害防治措施

用 50% 辛硫磷或 1% 甲未盐进行防治，还可以用有机磷粉剂农药喷粉进行防治。

第四节　水稻病虫害防治技术

中国种植的农作物中，占耕地面积最大的就是水稻，高达 25%，每年的产量达中国粮食总产量的 50%，是主要的粮食来源。水稻一旦发生病虫害，就会造成很大的损失，所以水稻病虫害的防治势在必行，对农村的稳定、可持续发展，以及提升农民生活水平有很重要的意义。

一、水稻病害

迄今为止，水稻的病害种类繁多，有 70 多种，能达到在全国范围存在的或是在经济大区的就有 20 多种，一旦发生病害，波及范围广、危害性高、流行性强。

病害程度也有严重和轻微的区别，下文将着重介绍危害严重的几类病害。当前，品种类型不断更新，耕种方式也在不断变化，所以病害也可能发生病害，即一些轻微的病害上升为严重的病害，或者产生一些新的病害。

种植水稻的地区，生态环境、耕种、栽培方式不同，针对的主要病害也不一样，同一种病害在不同的环境、地区也会展现出不一样的特征。种植的品种应选取抗病品种，在栽培的过程中根据水稻的情况实施相应措施，用药剂防治。

（一）稻瘟病

稻瘟病是水稻的主要病害，会致使水稻大面积减产，减产量接近总产量的一半，甚至"全军覆灭"。这种病害在很多地区都会存在，主要发生在水稻的节部、叶部，发生的时间和部位有所区别，病害就有所区别，如节瘟、叶瘟等。

稻瘟病的症状非常明显：形成的斑点中间白、边缘颜色深，呈褐色，如果环境非常潮湿，那么斑上就会形成绿色的霉状物。它是通过气流传播，受品种、环境的影响比较大，具体的防治措施有以下 3 点。

1. 选取抗病品种

2. 加强栽培管理

增施有机肥，平衡施用氮、磷、钾肥，避免大量施用氮肥。灌溉控制水量，少量多次，这样根能够长得更深，抗病的能力也会随之增强。

3. 药剂防治

用药的时间是在移栽前 5 天或秧苗 3~4 叶期开始。穗颈瘟的防治方法是在破口到始穗期喷洒杀菌剂一次，在齐穗期根据天气喷洒第二次。

专门针对稻瘟病的杀虫剂是三环唑，除此以外，一些比较常见且富有成效的药剂有 50% 异稻瘟净、13% 三环唑·春雷霉素等。

（二）水稻百叶枯病

水稻百叶枯病，又称茅草瘟等，其发病率非常高，并且在很多地区发生。水稻一旦发生这种病害，会大幅度减产，减产量轻则 30% 左右，重则达到一半以上，并产生很多碎米，甚至没有收成。无特殊情况下，粳糯稻轻于灿稻，早稻轻于晚稻；在温度低的情况下，秧苗无症状；反之，秧苗的病症很明显，其病斑是条状，短小、狭窄，扩展后叶片就会枯黄凋零。

1. 青枯型

水稻受到病害后，尤其是根部或茎基部受伤遭受病害，叶片一般情况下全部青枯，病部呈绿色或青灰色，叶片边缘会有轻微的卷曲，是一种急性症状。

2. 叶枯型

发病初期是叶片尖端或叶片边缘出现病斑，病斑呈水渍状，最开始是暗绿色，渐渐的粳稻上变为灰白色，灿稻上变为橙黄色，这是一种慢性症状，且病斑沿叶缘坏死，病部会溢出黄色菌脓，干燥时会变成菌胶。

防治措施有以下 4 点。

（1）选取抗病品种

（2）加强栽培管理

增施有机肥，平衡施用氮、磷、钾肥，避免大量施用氮肥。灌溉的时候控制水量，少量多次，这样根能够长得更深，抗病的能力也会随之增强。

（3）种子处理

把种子用 85% 三氯异氰脲酸粉剂 500 倍液浸泡，24 小时后捞出清洗，再开始催芽和播种[①]。

---

① 杜本益.生物防治在烟草病虫害防治的运用［J］.农业与技术，2016，36（22）：42-43.

（4）药剂防治

秧苗 3 叶期需要喷洒药剂，移栽前也要喷 1 次药剂，这些都能起到预防作用，如果发现田间有少量植株有发病症状，要及时喷洒药品并封闭发病区域，避免造成大范围的病害。但是如果大面积发生病害，就要全部进行防治。可以选择 20% 叶青双、20% 龙克菌、25% 叶枯灵等 [1]。

（三）水稻纹枯病

在中国南方及长江流域，水稻纹枯病（又称"花秆"）发生得比较频繁，也比较严重，一旦发病，叶片就会干枯，结实率大大降低，秕谷增多。产量轻则减少 30% 左右，重则减少总产量的一半 [2]。从苗期开始，这种病害就随时有可能发生，直至穗期。其中，抽穗期是最为严重的时候。危害的部位有叶片、叶鞘、茎秆、穗茎部。

若病害发生在抽穗期，会深入茎秆内部，引起植株倒伏；若发生在抽穗前，植株无法抽穗；若菌丝蔓延至穗顶，会导致秕谷，甚至枯死。水稻纹枯病染病部位症状，如图 2-13 所示。

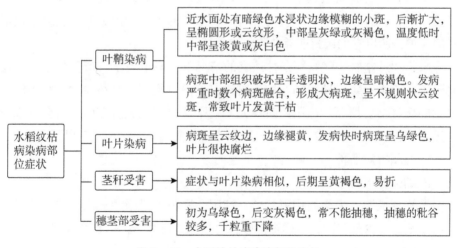

图 2-13 水稻纹枯病染病部位症状

① 贾兴娜，钟春燕，聂金泉 . 生物农药在水稻病虫害防治上的应用现状和研究进展［J］. 现代农业科技，2016（14）：129-131.
② 江当时，汪灶新 . 生物防治在农业病虫害防治上的应用［J］. 乡村科技，2016（18）：81.

针对该病害的防治措施有以下 4 点。

1. 选取抗病品种

2. 加强栽培管理

增施有机肥，平衡施用氮、磷、钾肥，避免大量施用氮肥。灌溉的时候控制水量，应少量多次，这样根能够长得更深，抗病的能力也会随之增强。

3. 清除菌源

及时铲除田边的杂草，在田地翻耕灌水耙平时，用网将渣子打捞并烧毁。

4. 药剂防治

水稻封行后到抽穗期，若病害刚开始发生，每隔 15 天左右，对水稻的中部及以下喷洒井冈霉素 3 次左右。在分蘖盛期至圆秆期，可以用甲基硫菌灵兑水喷洒 3 次左右；或者到了水稻的齐穗期、破口期都需要喷洒 28% 多·井悬浮剂，间隔 15 天左右可以再次进行喷洒；或者分蘖盛期到拔节期可以使用 5% 己唑醇喷雾，药效可持续一个月左右。

（四）稻曲病

稻曲病通俗的叫法是丰产果，又称谷花病等。其发生的部位在穗部，一旦发生病害，谷粒会遭到严重的危害。在寒冷的冬天，因为有土壤或厚垣孢子的保护，所以它的菌核能够在谷粒内存活。

来年 8 月左右，气候等条件适宜的情况下，厚垣孢子可产生分生孢子及囊孢子，危害幼颖。抽穗扬花期的时候，下雨量增多，日照减少，很潮湿，发生的病害会更严重。施肥的时候元素要平衡，不能施过多的氮，会造成密度过大，若灌水深，病情更重，导致病穗病粒变多。防治措施有以下 4 点。

1. 选取抗病品种

2. 加强栽培管理

增施有机肥，平衡施用氮、磷、钾肥，避免大量施用氮肥。灌溉的时候控制水量，应少量多次，这样根能够长得更深，抗病的能力也会随之增强。

3. 消灭侵染源

用 50% 多菌灵可湿粉剂 500 倍液浸泡种子 12 小时。

4. 药剂防治

用 50% 甲基拖布津可湿性粉剂 1000 倍液或 100 克 50% 多菌灵可湿性粉剂喷洒至田间，一般在孕穗期到破口期前的 2~3 天喷洒，每隔一周喷 1 次，连续喷 2 次。

二、水稻虫害

虫害会影响水稻的种子，以及叶、苗等部位。在中国，水稻的种植面积很大，不同地区不同栽培方式下的水稻，发生虫害的种类也有区别，产生的危害自然也不一样。根据最新的数据显示，全球已记载的水稻害虫有近 1400种，中国就有近 400 种，主要有二化螟、稻纵卷叶螟、稻弄蝶等 30 多种。

（一）二化螟

二化螟除了危害水稻以外，还危害小麦、玉米等。幼虫会导致叶鞘变枯，到了 2 龄会到茎里，在秧苗期产生枯心苗，在抽穗期产生白穗，在孕穗期产生枯孕穗，在灌浆期产生虫伤株。

成蛾雌体如果翅膀展开，能达到 26 毫米左右，不展翅是 16 毫米左右，触角呈丝状，前面的翅膀为长方形，颜色呈灰暗的黄色，边缘有 7 个黑点。后面的翅膀为纺锤形，颜色为白色，展翅是 23 毫米左右，前翅中间有一个黑斑，下面有 3 个黑点，体长大约 15 毫米。末龄幼虫除了头上是棕色，其余都是红棕色。具体防治措施有以下 4 点。

1. 农业防治

水稻分蘖期和孕穗期是水稻螟虫幼虫最易入侵稻株的危险生育期。减轻虫害：稻田要及时排水，叶鞘就会免遭二化螟危害。盛孵时期末，要将水灌到叶鞘以上，3 天左右，二化螟就会被消灭。

2. 消灭虫源

春季、冬季都要及时除草，春季刚开始时灌水，将越冬的幼虫全部消灭。

3. 保护天敌

二化螟的虫卵有不少天敌，如澳洲赤眼蜂等，幼虫有线虫、蜘蛛等天敌，要保护好天敌。

4. 药剂防治

为了防止出现枯心苗、枯鞘，二化螟孵化高峰期的最后 3 天内需要打药，为防止出现枯孕穗、白穗等，要在孵化正盛到高峰期用 90% 晶体敌百虫、18% 杀虫双水剂等喷洒。

（二）稻纵卷叶螟

刚孵化的稻纵卷叶螟幼虫会将心叶吃掉，使其呈现出像针头大小的点，有的幼虫会在叶鞘内不断长大，吐丝缀稻叶两边的叶缘，纵卷叶片成圆筒状虫苞，幼虫会在里面不断地吃叶肉，表面呈现白色条纹。

稻纵卷叶螟成虫长约 9 毫米，呈黄褐色。其前翅有两条横线，中间有一条较短的线，并且都是黄褐色，外部边缘的颜色较暗为暗褐色；后翅有两条横线，外部边缘有宽的带状斑。

雄性蛾前翅前缘中间，有凹陷的"眼点"且闪光，雌性则没有，卵呈椭圆形，并且仅 1 毫米左右，两边稍扁，中间突起，颜色由最初的白色慢慢地变为淡黄色。虫害的防治措施有以下 3 点。

1. 农业防治

选抗虫水稻，科学施肥，使稻苗健康成长发育。减轻虫害：稻田要及时排水，调节搁田时间，在幼虫孵化的时候，将田间的湿度降到最低。

2. 保护天敌

稻纵卷叶螟的天敌有近 90 种，各个虫期都有不同的天敌，卵期有澳洲赤眼蜂等，幼虫有青蛙、纵卷叶螟绒茧蜂等，要保护好天敌。

3. 药剂防治

用 25% 杀虫双水剂喷雾掺和细土撒浇或 10% 多来宝悬浮剂及其他菊酯类农药喷雾。

三、稻田杂草

水稻田的杂草主要有阔叶杂草、兰花菜、水白菜、眼子菜、牛毛草、稗草等，防治措施有以下 3 点。

（一）插秧前的杂草防治

插秧前 3 天，平整水田，施用除草剂，或者掺拌 15 千克的细土，或者兑水 15 千克泼洒，用药 1 次可以彻底防除杂草[①]。

（二）插秧后的杂草防治

插秧后 7 天左右，用除草剂制成毒土撒施，如果稗草很多，用 96% 禾大壮于杂草 2~3 叶龄期施肥[②]。

---

① 森文华. 浅议农作物病虫害防治中存在的问题及其对策［J］. 南方农业，2016，10（3）：46.

② 司传权. 农作物病虫害专业化统防统治研究与推广［J］. 农业与技术，2016，36（17）：99–100.

（三）水稻移栽田的杂草防治

在水稻插秧后 7 天之内使用除草剂，但是插秧后使用会有药害，所以要严格掌握使用时期和使用剂量，可以用丁草胺等。

第五节　马铃薯病虫害防治技术

马铃薯已成为我国第四大粮食作物，正在实施主粮化。该作物具有生产周期短、增产潜力大、市场需求广、经济效益好等特点，近年来种植规模发展迅速，已成为农民增产增收的好途径。由于规模化种植和气候等因素的影响，马铃薯病虫害呈逐年加重趋势，严重影响了马铃薯产业的发展。

一、马铃薯晚疫病

（一）选用抗病品种

选用脱毒抗病种薯。

（二）种薯处理

用 100 克 50% 多菌灵粉剂兑水 1 千克及 50 克 64% 杀毒矾粉剂，喷洒 150 千克左右的种薯，晾干后即可播种。

（三）加强栽培

选择的土地要松软，排水系统良好，防止下雨后积水难以排出，平衡施用氮、磷、钾肥，避免大量施用氮肥，及时清除病株。

（四）药剂防治

用 50 克 58% 甲霜灵·锰锌粉剂兑水 1 千克，喷洒 150 千克左右的种薯，晾干或阴干后即可播种。

二、马铃薯早疫病

用 77% 氢氧化铜可湿性微粒粉剂 500 倍液茎叶喷雾或 1：1：200 式波尔多液喷洒，10 天左右喷 1 次，可以连续喷 3 次左右。

三、马铃薯青枯病

青枯病主要是农业防治，无有效药剂，用 25% 络氨铜水剂 600 倍液或用 46.1% 氢氧化铜水分散粒剂 800 倍液灌根。

四、马铃薯环腐病

（一）无病田留种，使用整薯播种

由于整薯外面有一层完整的表皮，没有利于马铃薯环腐病菌侵染的种薯切面，因此可有效防止马铃薯环腐病的发生，避免切刀传病。根据多年试验，整薯播种的发病率为 3% ~ 8%，切块的发病率为 10% ~ 19%。此外，整薯播种在中国南方具有抗种薯腐烂的优点，在北方可起到抗旱的作用。多年的试验和实践均已证明，采用 15 ~ 40 克的小整薯播种，既能节约用种，又能防病增产。若种薯过小，其繁茂性差，影响产量；种薯过大，用种量随之增加，造成种薯浪费[1]。

（二）合理选种

选择优良种，而非病薯，播种前要在室内晾种并削层仔细检查。种植切块前，切刀要用 53.7% 氢氧化铜干悬浮剂 400 倍液浸泡清洗达到灭菌效果。切块要用 90% 新植霉素可湿性粉剂 5000 倍液浸泡清洗半小时。

（三）生长过程严格管理

结合中耕培土，及时清除病株，每亩使用过磷酸钙 25 千克，按照重量的 5% 播种，效果良好。

五、马铃薯其他病害

马铃薯其他病害及防治措施，如表 2-7 所示。

---

[1] 沙俊利 . 马铃薯环腐病的发生与防治 [J]. 农业科技与信息 , 2014, (22):28，30.

表 2-7 马铃薯其他病害及防治措施

马铃薯病毒病	马铃薯线虫病	地下害虫	二十八星瓢虫、甲虫
建设无毒种薯繁育地：用茎尖组织脱毒种薯	每亩用 1~15 千克 55% 茎线灵颗粒，撒在苗茎基部，再覆土灌水	小地虎：用 0.5 千克敌敌畏兑水 2.5 千克喷在 100 千克干沙土上，制成毒沙，于傍晚撒在苗眼周围	用 90% 敌百虫颗粒 1000 倍液喷雾
品种选择：抗病、耐病			
栽培防病：施足有机底肥，增施钾、磷，实施高埂或高垄栽培		蝼蛄：用 0.5 克 75% 辛硫酸加水，拌 125 千克细土，每亩撒 20 千克，都撒在苗眼周围	
化学防治：① 10% 吡虫啉可湿性粉剂 2000 倍液茎叶喷雾防蚜虫；②喷洒 1.5% 植病灵乳剂 1000 倍液			

第六节 花生病虫害防治技术

花生是人们常吃的豆类食品，在很多食品、菜肴都加入花生，其也被称为植物肉。在我国北方，如辽宁、河南等地，还有南方，如福建、四川等地都有种植花生。中国病虫害大约有 60 种，花生的产量受虫害的影响，一直在降低，2007—2020 年中国花生种植面积从 660 万公顷降低到 470 万公顷。花生的病害有叶斑病等，虫害有根结线虫病、蛴螬。

一、花生叶斑病

花生叶斑病主要有 3 种，即褐斑病、黑斑病和网斑病。这 3 种均可侵染叶片，也可侵害茎、叶柄和叶托。受害花生叶片较早脱落，严重影响产量和品质，是制约花生产量的一个重要因素。花生叶斑病及防治措施，如表 2-8 所示。

表 2-8　花生叶斑病及防治措施

	褐斑病	黑斑病	网斑病
发生时期	前期、中期		中后期
危害结果	导致落叶的光合作用效率降低，养分积累不足，从而减产	叶片枯黄，早期落叶，个别枝条枯死	落叶，减产 40% 左右
危害部位	叶片、叶柄、茎秆		叶片、叶柄
病害特征	叶片呈现黄褐色斑点，病斑形状不规则或为圆形，直径为 4~10 毫米	初期叶表面呈现红褐色小点，渐渐变为不规则的长 3~15 毫米的黑褐色病斑	主脉产生不规则黑斑，周围有退绿圈，边缘有网格状
防治措施	种植抗病品种		
	加强栽培管理：增施有机肥，平衡施用氮、磷、钾肥，避免大量施用氮肥；实行水旱轮作或旱地 2~8 年轮作；雨后及时排水，降低田间湿度		
	药剂防治：用 45% 三唑酮可湿粉 800~1000 倍液；用 50% 多菌灵可湿性粉剂 1500 倍液喷洒叶片；隔半个月左右喷 1 次，连续喷 3 次左右		

　　褐斑病是世界花生产区最严重的叶部病害之一，主要危害叶片，严重时危害叶柄和茎秆。被害叶片刚开始出现黄褐色小斑点，与黑斑病不易区分，但随着病情的发展，褐斑病产生近圆形或不规则形病斑，直径 4 ~ 10 毫米，比黑斑病的斑纹大，病斑正面由黄褐色渐变为深褐色，背面为淡黄褐色，斑纹外圈黄晕宽大而明显。

　　黑斑病是花生叶片上的主要病害，发生普遍，危害严重。黑斑病病斑边缘有不明显的黄色晕圈，呈放射状。

　　网斑病是发生程度越来越重的一种新病害。它发生在花生生长的中后期，使植株大量落叶，导致减产量达到 20% ~40%。

二、花生根结线虫病

　　花生根结线虫病，又称黄秧病等，由植物中寄生线虫引起，是花生的一种毁灭性病害，分布广、危害大。此种病害的重灾区为河北、山东。发生这种病害后，花生的叶片变黄，开花的数量较少，生长势弱，落叶提前。

　　寄生线虫从根部开始侵袭，将根的传输组织破坏，水分、养分的吸收会减少，被虫害侵蚀的部位就会变成大的纺锤形，从乳白色渐渐变为深褐色，在虫瘿上有许多须根，形成纺锤状的虫瘿，再生出须根。果壳上也能形成很多虫瘿，呈褐色疮痂状。防治措施主要有以下 3 点。

（一）科学轮作

为减少土地里的虫口密度，就要与玉米、谷子等轮作，最好相隔时间为 2~3 年，时间越长，虫口密度就会越来越小。

（二）农业防治

在秋季气温高的时候，翻土晾晒，病根、杂草根上的虫瘿都会被消灭。冬季采用同样的方法可以将虫瘿冻死。及时除草，增施有机肥。

（三）科学选种

在储藏时不用担心线虫，因为花生水分不足，仅有 10%，线虫无法存活。但是在运输时，考虑含水量，需要运输花生仁，确保种子无病。

（四）药剂防治

将杀寄生线虫的药混合沙土施撒在即将播种的沟里，可以连续使用两年，但要避免种子和药剂接触。

三、蛴螬

蛴螬的成虫是金龟子，主要是在地下产生危害，通常在五月中下旬啃食花生种子，将幼苗的根茎咬断，导致缺苗断根。花生生长到后期的时候，就会啃食荚果，导致空壳。这种情况一直持续到花生果成熟，使商品价值降低，花生大量减产，其防治措施有以下 4 点。

（一）种子处理

用 40% 硫酸锌，按照药∶水∶种粒 = 1∶20∶1000，将种子浸泡两小时再播种；用 50% 辛硫酸乳油，按每亩地 200~250 克拌细沙，施撒在播种坑[①]。

---

① 司传权.农作物病虫害专业化统防统治研究与推广［J］.农业与技术，2016，36（17）：99-100.

（二）科学栽培

增施有机肥，平衡施用氮、磷、钾肥，避免大量施用氮肥，合理耕作，施肥浇水。

（三）杀虫灯诱杀

根据金龟子的趋光性，在园内每两公顷安装一盏杀虫灯，在夜间打开，可以有效降低落卵量。

（四）药剂防治

在 7 月中下旬到 8 月初，用 48% 毒死蜱乳油 250~400 毫升拌 20~25 千克细沙，施在花生周围，可以有效消除蛴螬带来的危害。

第七节　果树病虫害防治技术

果树的种植面积在作物中排名第三，前两名分别是粮食与蔬菜。果树种植面积大，一旦发生病害，就会造成严重的损失，影响水果的产量，产量降低，经济遭受损失，水果的质量也不好了。

如果果树的虫害发生得比较严重、复杂，防疫就更困难，因为一个果园可能遭受虫害长达数年。在长成大树之前，就有象甲、金龟子等吃食叶；到结果的时候，害虫就增多了，如叶螨、食心虫等，这些害虫在严重时可能将整个果园销毁。

一、果树病害

（一）苹果腐烂病

腐烂病（又称"烂皮病"），是非常严重的一种病害。该病主要发生在成龄结果树上，遭受病害的树的比率为 20%~90%，危害可涉及主干、主枝等，表现为果园中的树处处是病疤，枝干残缺，并引起皮层及皮层下的木质部位腐烂。苹果腐烂病症状有以下两类，如图 2-14 所示。

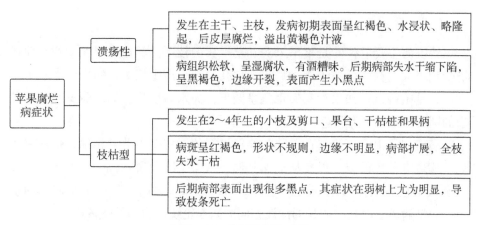

图2-14 苹果腐烂病症状

苹果腐烂病的防治措施如下。

1. 培育壮树

控制危害，就要加强培育，科学施肥、适量灌水，培育壮树，增强树的抵抗能力。

2. 降低菌量

将果园菌量降低，就能将危害减少，将已经遭受病害的枝干修剪、燃烧，或者从果园直接迁移。

3. 治疗病斑

将病皮都刮下，临近病皮的健康树皮也要刮去1厘米左右，病疤处涂杀菌剂，2次左右。

4. 病斑涂药

在病斑上划线，每个痕迹相隔1厘米，划痕不能太浅，深度达木质部的表层，涂3次药。

5. 刮树皮

用力将10年生以上的苹果树的中心干、主干、主枝下部的树皮刮去1厘米，刮面呈黄绿色就可以了，注意要在5~7月的时候实施。

6. 药剂治疗

在6月下旬和11月上旬，先刮掉病斑，再用福美胂、石硫合剂等药剂涂2次树干。

（二）苹果轮纹病

轮纹病主要危害的是苹果果实和苹果树的枝干。其造成果实变烂，使经济受到极大的损失。枝干遭受病害，皮孔中间会产生病斑，病斑的形状为水渍状，是暗褐色；如果没有失水就呈圆形，失水后变瘪，边缘裂开，变成较扁的圆形，颜色呈青灰色。

病斑如果很多，聚集在一起就会使果树的树皮变得非常粗糙，形成粗皮病。病斑有黑色的点，果实从成熟到储藏，整个阶段斑点都会不断地变化，从圆形褐色斑点慢慢地变成红色的晕圈，稍深入果肉，随后很快向四周扩展。典型病斑表面具有明显的深浅相同的同心轮纹，病部果肉腐烂。

最初，病斑不会凹陷，很严重的时候，一周左右果肉就会腐烂流出黏液，味道酸臭，最后失去水分干瘪，成为黑色、较硬的果子。防治措施有以下 5 点。

1. 消灭侵染源

秋末、初春的时候，先将果树的粗皮刮掉，并远离果树处理，再给果树喷洒福美胂可湿性粉剂 100 倍液，在 3 月下旬至 4 月初也可以喷洒波美 3 度石硫合剂。

2. 果实套袋

落花以后 1 个月就要将果实全部套袋，每个袋子套一个苹果，采购前 7 天可以拆掉。

3. 幼果期防治

在果花落后大约 10 天可以进行采收，用 50% 复方多菌灵悬浮剂 1000 倍液进行喷洒，大约半个月喷 1 次。

4. 储藏期防治

人工进行筛选，将病果拿走，并控制好储藏的湿度、温度。

5. 生长期防治

在 8 月时，可以用福美胂 30~50 倍液涂抹树干，如果加入 1% 的腐殖酸钠，可以让健康的树皮更好地生长。

（三）梨黑星病

种植梨树的地区都会发生梨黑星病，一旦发生这种病害，造成的损失极为严重，它的危害可以从梨树的落花期持续到果实成熟期，时间长，梨树的叶片、花序、新梢等都可被侵染，尤其是叶片、果实。

病害的症状就是在病部出现黑色霉层。叶片的正面大多为圆形的病斑，呈黄绿色，背面呈现黑色霉斑，如果病害侵入得极其严重，叶片整个面都是黑色的霉层，叶片就会干枯凋零。

叶柄遭受病害后会有条状霉斑，最终也会使叶片凋零。果实遭受病害，会由最初的浅黄色病斑变为黑色病斑，病部慢慢凹陷，直至不再生长，最终脱落。梨黑星病的防治措施，如图2-15所示。

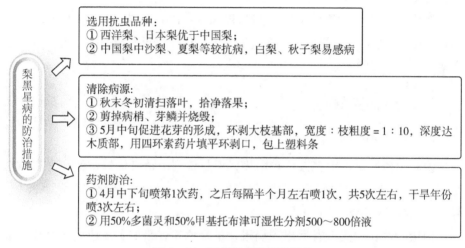

梨黑星病的防治措施

> 选用抗虫品种：
> ① 西洋梨、日本梨优于中国梨；
> ② 中国梨中沙梨、夏梨等较抗病，白梨、秋子梨易感病

> 清除病源：
> ① 秋末冬初清扫落叶，拾净落果；
> ② 剪掉病梢、芽鳞并烧毁；
> ③ 5月中旬促进花芽的形成，环剥大枝基部，宽度：枝粗度＝1：10，深度达木质部，用四环素药片填平环剥口，包上塑料条

> 药剂防治：
> ① 4月中下旬喷第1次药，之后每隔半个月左右喷1次，共5次左右，干旱年份喷3次左右；
> ② 用50%多菌灵和50%甲基托布津可湿性分剂500～800倍液

图2-15 梨黑星病的防治措施

（四）葡萄霜霉病

葡萄霜霉病的症状就是在叶面上产生病斑，形状像水渍，不规则，几近透明，慢慢地变成淡黄色再逐渐变深，多个病斑聚集时，黄色加深并形成一大片病斑，在潮湿环境中，病斑后面会生成白色的霉状物。

随着时间的推移，病斑都会变成褐色，遭到病害的叶片干枯，并早早凋落。叶柄、嫩梢等感病，病斑也是由最初的透明渐渐变为深褐色，并凹陷，在潮湿环境中产生白色霉状物，病梢不再生长，甚至直接枯死。

若幼果感病，出现绿色圆形的病斑，表面有白色霉状物后，幼果干枯凋落。穗轴遭受病害，也会引起部分或全部果穗脱落。葡萄霜霉病的防治措施有以下3点。

1. 消灭菌源

剪掉病梢，将病叶清扫，集中烧毁。

2. 科学管理

及时除草，做好排水系统，确保不积水，使地面湿度适宜，施肥的时候注意磷钾肥的比例；及时进行夏剪；将石灰撒入酸性土壤。

3. 药剂防治

葡萄在发芽之前就要喷布波美 5 度石硫合剂。发病之前要喷洒 1∶0.7∶（200～240）波尔多液，发病后使用 40% 乙膦铝可湿性粉剂 200～300 倍液等，在使用的时候多种药剂交替使用，可以有效增强药性。

发病之前也可以使用美国杜邦易保 800～1200 倍液，每隔 10 天左右喷 1 次，喷 4 次左右，就能见效。在病害发生得比较严重的情况下，可以将药混合使用，有很好的效果。

二、果树虫害

（一）山楂叶螨

说起山楂叶螨，很多人比较陌生，但是说到山楂红蜘蛛，就几乎家喻户晓了，是果树中能造成极为严重危害的害虫，不仅对山楂有危害，还对苹果、樱桃等其他果树产生危害。

山楂叶片在遭受虫害后出现病斑，呈绿色并逐渐增多，连成一大片，最终导致叶片焦黄、凋落。果树的生长势必受到影响，严重时还会再次开花，阻碍当年山楂形成花芽，减少第二年的产量。针对这种虫害的防治措施有以下 3 点。

1. 烧毁越冬雌螨

方法一：在主干的基部绑草，用以诱导聚集还未下树的越冬雌螨，来年解冻之前，将草烧掉。

方法二：将老翘的树皮在冬季休眠的时候刮掉，并烧毁。再在发芽前喷 2 次左右波美 5 度石硫合剂。

2. 保护天敌

山楂红蜘蛛有很多天敌，可以有效控制山楂虫害，如小花椿、食螨瓢虫等。

3. 药剂防治

可以选择 30% 蛾螨灵可湿性粉剂 2000 倍液、15% 达螨灵 2500～3000 倍液等。

（二）苹小卷叶蛾

苹小卷叶蛾的幼虫可以造成很严重的危害，其藏匿在缀叶中啃食叶片，果实长大一些后，叶片与果实相连，幼虫啃食果实的果皮、果肉，形成残次果。

一只幼虫危害的果实可以达到 8 个左右，如果在一个果园中，有苹果、山楂、桃等水果，一定是桃遭受的虫害最为严重。其防治措施有以下 4 点。

1. 人工参与

春天在果树还没有发芽的时候，就将主干还有侧枝的老翘皮刮掉，并远离果园烧掉。还要在越冬幼虫还没有出蛰时，用 50% 敌敌畏乳油 200 倍液抹在剪锯口，可以直接将幼虫消灭，在生长时，可以将虫苞摘掉。

2. 赤眼蜂协助保护

赤眼蜂可以将首代成虫杀死，可以用苹小卷叶蛾性外激素水碗诱捕成虫，挂在果树上，大约过 5 天，首次放赤眼蜂，大约 5 天放一次，连续 4 次左右，保证每次每亩大约放 3 万只，这样每亩地的总量大约为 12 万只，有 85% 的卵块寄生率，有效控制苹小卷叶蛾带来的危害。

3. 利用趋光性、趋化性防治

利用苹小卷叶蛾的趋光性，使用频振式杀虫等来捕杀苹小卷叶蛾，还可以利用趋化性，使用糖醋液诱杀，其中酒：糖：醋：水 =1：1：4：16。

4. 药剂防治

在越冬幼虫出蛰期和各代初孵幼虫卷叶之前，用生物农药 BT 乳剂 1000 倍液喷洒；各代卵孵化盛期到幼虫卷叶之前，用 3.2% 甲基阿维氯乳油 1500 倍液加 25% 灭幼脲悬浮剂 2500 倍液喷洒。

（三）桃小食心虫

桃小食心虫危害梨、桃等很多果树，成虫的雌性长 8 毫米左右，翅膀展开后长 18 毫米左右，为灰褐色，雄性小一些。前翅的前缘中间有三角形大斑，呈蓝黑色，翅基及中间的部位有 7 簇斜立着的毛，颜色为蓝褐色或黄褐色。它的幼虫大约是 13～16 毫米，颜色为玫红，其防治措施有 5 点。

1. 树下防治

树下防治措施，如图 2-16 所示。

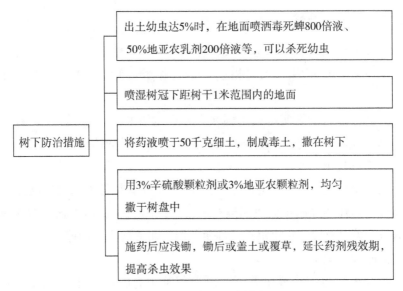

树下防治措施
- 出土幼虫达5%时，在地面喷洒毒死蜱800倍液、50%地亚农乳剂200倍液等，可以杀死幼虫
- 喷湿树冠下距树干1米范围内的地面
- 将药液喷于50千克细土，制成毒土，撒在树下
- 用3%辛硫酸颗粒剂或3%地亚农颗粒剂，均匀撒于树盘中
- 施药后应浅锄，锄后或盖土或覆草，延长药剂残效期，提高杀虫效果

图2-16　树下防治措施

2. 树上喷药

成虫不多的时候，喷洒25%天达灭幼脲3号1500倍液，大约半个月喷1次，连续喷3次左右，直接将虫卵杀死。

3. 保护天敌

桃小食心虫的天敌有甲腹茧蜂、中国齿褪姬蜂等。

4. 施足基肥

将落地虫果或树盘半径1米的土壤填入施肥坑底部，可以杀死越冬幼虫。

5. 合理联防

将其周围的苹果园、枣园一起防治。

（四）中国梨木虱

中国梨木虱的幼虫不仅吸食叶片里的汁，还会危害果实，它分泌的黏液可以连接好几片树叶，受到虫害的树叶会产生黑色的病斑，整片树叶皱皱巴巴，叶脉扭曲，危害到一定程度时，叶片变成黑色，很早就凋落了。它的防治措施有以下3点。

1. 人工防治

在冬天的时候打扫整个果园，秋天快结束的时候将老树皮都刮掉，及时清理杂草、残枝，再将它们在距果园较远处销毁。并且将波美3~5度石硫合剂喷洒在地面和树冠树枝，将成虫消灭。在冬天到来之前要为果园的树灌水，这样可以减少越冬虫的数量[①]。

2. 化学防治

在越冬成虫的出蛰期和首代若虫孵化的繁盛期，用 10% 吡虫啉可湿性粉剂 1500~2000 倍液或 52.25% 农地乐乳油 1500~2000 倍液喷洒果园。如果首代若虫发生在同一时间，喷乙酰甲胺磷 1000 倍液可以有效防治虫害[②]。

3. 生物防治

利用天敌来减少虫害，如花蝽、瓢虫等。

第八节　蔬菜病虫害防治技术

蔬菜是人们几乎每天都会吃的食物，在中国蔬菜的种植面积在农作物中占比是非常大的。蔬菜的种植和买卖，可以提高农民的经济收入。由于种植蔬菜好处诸多，所以其种类和种植面积都在不断增大，与此同时，蔬菜的病虫害也在不断增多，如果不能及时采取防治措施，就会使得蔬菜的产量大大减少，质量下降。

一、蔬菜病害

（一）灰霉病

灰霉病的症状及防治措施，如表 2-9 所示。

---

① 夏琼.生物防治在我国烟草病虫害防治上的应用研究［J］.农技服务，2016，33（14）：80-82.

② 杨怀文.我国农业病虫害生物防治应用研究进展［J］.科技导报，2007，25（7）：56-60.

表 2-9　灰霉病的症状及防治措施

危害部位	危害特征	防治措施
花果、叶片、茎	①叶片中病斑呈 V 形向内扩展，呈浅褐色、水渍状； ②有轮纹，深浅不一，潮湿时产生灰霉，叶片枯死； ③茎部由水渍状小点逐渐变为椭圆形，潮湿时产生灰褐色霉层； ④幼果花瓣和柱头先被危害，再由果柄到果面，蔓延至整个果实； ⑤病苗色浅，叶柄及叶片呈水渍状灰色，组织软化，直到腐烂； ⑥幼茎在叶柄基部由水浸斑逐渐变烂，折倒至枯死	合理栽培：①控制施肥及浇水；②处理病叶、病果；③拔除灰霉病病苗，喷药
		加强管理：通风排湿，空气湿度 ≤ 65%
		施足基肥：①合理安排磷、钾、氮肥比例；②适量灌水，阴雨天不浇水，防冻害
		药剂防治：①移栽前用扑海因 1500 倍液喷洒幼苗；②开花期用 0.2%～0.3% 甲霜灵涂抹；③结果期用 50% 灰霉速净 600 倍液喷洒

（二）瓜类白粉病

在中国只要种瓜，都发生过瓜类白粉病，在北方南瓜、黄瓜都发生得频繁，危害较重的是春天在大棚和露天种植的黄瓜。白粉病主要危害的部位有叶柄、果实等，会产生白色圆形的病斑，病斑会由基部叶片逐渐向四周蔓延，叶片最后会干枯。防治措施有以下 3 点。

1. 施足基肥

增施钾、磷肥，增强抵抗力，以防植株生长缓慢。

2. 及时除病叶

通风并降低湿度，清除病叶，带离菜园并烧毁，为了防止病菌四处传播，病叶不能随意丢弃。

3. 药剂防治

每亩地用 12.5% 禾果利可湿性粉剂 22.5～25 克兑 50 千克水，喷洒叶面，每 10 天左右喷 1 次，可以连续喷 3 次左右。

（三）霜霉病

霜霉病针对的主要有白菜、油菜、甘蓝等蔬菜，流行性强，在严重的时候，使产量迅速减少，经济遭受损失。危害的部位有种荚、茎等，叶片会出现病斑，呈黄褐色，形状不规则，并且不断变大，病斑的背部有白色的霉层，随着时间的推移变为褐色。

病害会受到周围环境的影响，如果空气比较潮湿会加速病害，使叶片干枯、花梗变弯，甚至畸形。花器受到病害后也会畸形，花瓣变成绿色，不会凋零。种荚染病后，病部呈现淡黄色，有白霜状的霉层，在还没有成熟的时候就裂开，难以结实，哪怕结实了，也会干瘪。温度过高或湿度过高，尤其是下雨天，都会促使病害产生。遭受病毒病的植株也很容易发生霜霉病，其防治措施有以下4点。

1. 选用抗病品种

选取无病株留种，并用75% 百菌清可湿性粉剂拌种，用量为种子重量的 0.4%。

2. 合理栽培

低湿地用高垄栽培，选用高燥地育苗，在定苗时淘汰病株，施足基肥。

3. 合理轮作

十字花科蔬菜可以和水稻等作物轮作。

4. 药剂防治

摘掉病株的病叶，并喷75% 百菌清可湿性粉剂或50% 敌菌灵可湿性粉剂，大约一周喷1次，雨天气候潮湿的时候要连续喷 3 ~ 4 次。

（四）早疫病

早疫病一旦发生，遭受最严重伤害的是叶片，其自下而上按顺序发生，病斑呈黑色圆形，果实发生病害一般是在蒂部，产生圆形同心轮纹。它的防治措施有以下两点。

1. 合理栽培

调整好棚内的湿度和温度，既不能让棚内的温度太高，也不能太潮湿，刚开始定植的时候，避免一直闷在棚里。

2. 药剂防治

用50% 扑海因可湿性粉剂 1000 ~ 1500 倍液、70% 代森锰锌 500 倍液防治。

（五）枯萎病

枯萎病由细菌或真菌引起，刚开始发病的时候，叶片从基部逐渐向前，像枯萎一样蔫了，尤其中午最为严重，初发病的早上、晚上可以自行恢复，但是越来越严重后，不能再自行修复了，植株也会逐渐枯死，一部分全株都生病了，还有一部分只有茎蔓发病。它的防治措施有以下两点。

1. 选取抗病品种

2. 药剂防治

用"天达–2116"200倍液和天达恶霸灵1000倍液浸泡种子20分钟杀菌，这样种子就不会被传染[①]。

定植后，在穴内浇75%甲基托布津800倍液和"天达–2116"600倍液进行防治。

（六）立枯病

立枯病可以寄宿在很多蔬菜上，如茄科、瓜类、豆科等蔬菜，大约有200种植物被侵染，严重危害苗茎的基部或地下的根部，最初是不规则的椭圆形，颜色为暗褐色，病苗白天比较萎蔫，到了晚上才会恢复，但是随着时间的推移会越来越瘦，颜色加深为黑褐色，病斑逐渐扩大，能把茎绕一圈，大约过7天，植株就会死亡[②]。

病株病症较轻的情况下，只会有病斑，不会枯萎。其防治方法主要是药剂防治，可以用75%百菌清可湿性粉剂600倍液等进行喷洒。

（七）猝倒病

猝倒病，又称霉根，可以寄生在很多植物中，一旦发生病害，就会导致很多苗死亡。有的叶子在没有症状出现的时候，就会倒伏，所以被称为猝倒病。猝倒病症状，如图2–17所示。

猝倒病可以寄生的植物很多，侵染幼苗的茎基部会使其变软，并且呈水渍状，随后很快就萎蔫了，像线一样不断缩减，这类病也可以叫倒苗病。

猝倒病最常发生在瓜类，其次就是十字花科作物，一旦感染，病部可能不变色，也可能变为黄褐色，病情发展得特别快，往往叶子都还是绿色，也没有萎蔫，就已经从茎的中部开始倒伏了。

---

① 袁涛，陈旭，马超.长江农场水稻病虫害综合防治系统研究［J］.中国农学通报，2013，29（27）：182–186.

② 张政兵.湖南省专业化统防统治快速发展［J］.湖南农业，2010（8）：6.

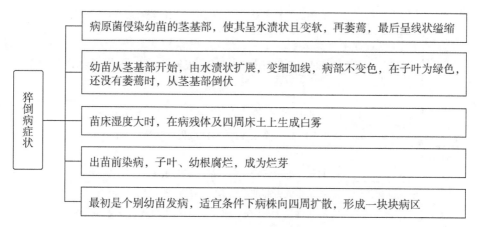

图 2-17 猝倒病症状

如果苗床在比较潮湿的环境下，其周围的土都会有白色的霉，并呈絮状，出苗前染病，幼根、幼茎、子叶都会变成褐色，并腐烂。最初，病害从个别幼苗开始发病，不断地向周围扩散，形成一块块病区。它有以下 3 点防治措施。

1. 环境适宜

选择的培育苗的地方需要采光好，并且能避风、排水好。

2. 科学管理

苗的情况不断变化，要适时调整，尽量避免温度过低或温度过高的情况出现。如果阴雨潮湿，不能浇水，避免出现棚膜滴水。也可以采用化学药物来调理土壤，如 40% 甲醛溶液。

3. 药剂防治

可以选择 75% 百菌清可湿性粉剂 600 倍液，或者 72% 霜脲·锰锌可湿性粉剂 600 倍液，喷洒时间选在病害刚出现的时候，大约 7 ~ 10 天喷 1 次，防治 2 次左右即可。

二、蔬菜害虫

（一）蚜虫

蚜虫的种类有很多，如萝卜蚜、甘蓝蚜等。其出现在很多种类的蔬菜上，如辣椒、十字花科蔬菜等。这种害虫很喜欢危害白菜和萝卜。蚜虫的防治措施有以下 8 点，如图 2-18 所示。

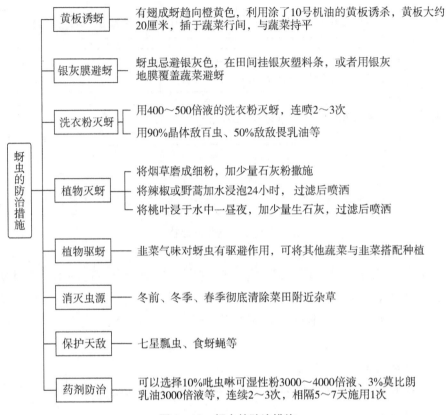

图 2-18　蚜虫的防治措施

图中内容：

蚜虫的防治措施

- 黄板诱蚜 —— 有翅成蚜趋向橙黄色，利用涂了10号机油的黄板诱杀，黄板大约20厘米，插于蔬菜行间，与蔬菜持平
- 银灰膜避蚜 —— 蚜虫忌避银灰色，在田间挂银灰塑料条，或者用银灰地膜覆盖蔬菜避蚜
- 洗衣粉灭蚜 —— 用400～500倍液的洗衣粉灭蚜，连喷2～3次
  - 用90%晶体敌百虫、50%敌敌畏乳油等
- 植物灭蚜 —— 将烟草磨成细粉，加少量石灰粉撒施
  - 将辣椒或野蒿加水浸泡24小时，过滤后喷洒
  - 将桃叶浸于水中一昼夜，加少量生石灰，过滤后喷洒
- 植物驱蚜 —— 韭菜气味对蚜虫有驱避作用，可将其他蔬菜与韭菜搭配种植
- 消灭虫源 —— 冬前、冬季、春季彻底清除菜田附近杂草
- 保护天敌 —— 七星瓢虫、食蚜蝇等
- 药剂防治 —— 可以选择10%吡虫啉可湿性粉3000～4000倍液、3%莫比朗乳油3000倍液等，连续2～3次，相隔5～7天施用1次

（二）白粉虱

白粉虱也叫小白蛾子，可危害的蔬菜种类非常多，如茄子、黄瓜、油菜等，高达200多种。它的幼虫一般生活在叶子背部，通过不断吸取叶汁来生长，这种情况下叶片的生长会受到影响，难以正常发育。

这类害虫无论是幼虫，还是成虫，都会在叶片和果实上面分泌蜜露，量不但大，而且会导致煤污病，果实的质量也会受到影响。防治措施有以下4点。

1. 农业防治

如果是在大棚里种植，就要在育苗前将残留的虫源消灭干净，即将大棚里作物残留的植株和杂草在距温室较远处处理。

在通风口放置尼龙纱网阻隔虫源，避免菜豆、黄瓜等作物混合种植，生产的时候打下的枯叶也要带离大棚，可以在其周围种植芹菜、葱等白粉虱非常厌恶的蔬菜。

2. 闭栅熏蒸

将硫黄粉与敌敌畏乳油混合，点燃后就可以熏死害虫。1公顷使用9千克左右的80%敌敌畏。植物生长的过程中，可以倒着悬挂敌敌畏，使其一滴一滴地流出来，再依靠地内的热气挥发，药物一定是高浓度的，才能消灭白粉虱。

3. 物理防治

在蔬菜园或在温室中设立黄色板，用来消灭成虫，因为成虫趋向黄色，黄色板可以由硬纸板涂黄漆制成，再涂10号机油，每亩需要设立30多块，板的高度和植株持平。

4. 药剂防治

白粉虱不但发生的次数多，而且还有各种虫态，如此多的虫态，没有特效药能将其全部消灭，因此需要交替使用药物，并且连续使用。用18%阿维菌素2000～3000倍液、20%康福多4000倍液，连续防治3次左右。

（三）小菜蛾

小菜蛾也叫小青虫，在全球蔬菜种植区都会造成危害，主要危害的蔬菜有青花菜、白菜、油菜等十字花科植物。幼虫只吃叶肉，不吃皮，菜叶上呈现透明斑；3～4龄幼虫就会将菜叶啃食出洞，再吃就会使菜叶变成网，苗期危害中心叶，影响包心。其防治措施有以下4点。

1. 农业防治

合理布局，如果十字花科蔬菜一直连作，并且大面积发生虫害，就会导致虫源源源不断。应对苗田加强管理，及时防治。收获后，及时将败叶和残株清除。

2. 生物防治

采用细菌杀虫剂，可以用BT乳剂600倍液杀死小菜蛾幼虫。

3. 物理防治

因为小菜蛾有趋光性，所以可以放置黑光灯消灭它。

4. 药剂防治

轮流使用25%快杀灵2000倍液、5%卡死克2000倍液等药剂[1]。

---

[1] 钱建，程枫叶，陈伟.南通市农作物病虫专业化统防统治实践与发展对策［J］.上海农业科技，2010（2）：13-15.

第三章

农药的概念、种类及安全使用技术

第一节　农药的概念与种类

农用药剂（简称"农药"），是指农业上用于防治病虫害、调节植物生长的化学药剂，包括提高这些药剂竞争力的辅助剂、增效剂等。在不断发展的科学技术和广泛应用农药的大背景下，农药的定义和它所涵盖的内容也随之不断地丰富和扩展。

农药的品种随着自然环境的变化和人类科技水平的提升，在不断增加，农药的数量也越来越多，因此，我们需要将农药科学分类，以便可以更好地对农药进行系统的研究、推广和使用[①]。农药有很多种分类方法，可以按农药的成分和来源、作用方式、化学成分、防治对象、施药方法、作用的性质等分类。一般来说，按防治对象进行分类是最常用的方法，可将农药分为杀虫剂、杀菌剂、除草剂、杀螨剂、杀线虫剂、杀鼠剂、植物生长调节剂等七大类。每大类下面又有小分类。

一、杀虫剂

杀虫剂是指用来防治害虫的化学制剂，是农药中用量最大、品种最多的一类药剂。大多数杀虫剂只能杀虫，不能防病。杀虫剂在农业增产、解决人类粮食问题等方面起了极为重要的作用，在我国农药销售额中居第 1 位。

（一）按成分和来源分类

杀虫剂的成分和来源各不相同，按照其成分和来源可以分为以下 4 类，如图 3-1 所示。

---

① 吴觉辉，苏彪，曹志平，等.加强农业生物灾害控防的几点思考［J］.安徽农学通报，2010，16（5）：2.

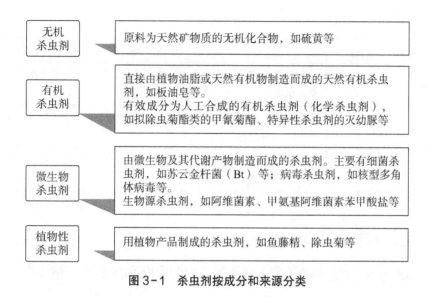

图 3-1 杀虫剂按成分和来源分类

（二）按作用方式分类

杀虫剂的作用方式各不相同，按作用方式可以分为以下 10 类，如表 3-1 所示。

表 3-1 杀虫剂按作用方式分类

序号	种类	作用方式
1	熏蒸剂	药剂可释放有毒气体，害虫通过呼吸系统吸入后中毒死亡，如磷化铝、敌敌畏等
2	触杀剂	害虫接触药剂后，药剂通过体壁或气门进入体内，使其中毒死亡，如异丙威等
3	胃毒剂	昆虫取食时，药剂进入其消化系统发生作用，使其中毒死亡，如毒死蜱等
4	引诱剂	药剂自身无毒或毒效很低，但可以将害虫引诱到一起，集中消灭，如棉铃虫性诱剂等
5	拒食剂	药剂通过影响害虫的正常生理功能，使其失去食欲，饥饿而死，如拒食胺等
6	内吸剂	药剂通过植物的根、茎、叶等部位进入植物体内，并传导扩散，对植物无害，却能使取食植物的害虫中毒死亡，如吡虫啉等
7	昆虫生长调节剂	药剂可阻碍害虫的正常生理功能，使其生长发育失常，形成的畸形个体不能繁殖或没有生命力，如灭幼脲等

续表

序号	种类	作用方式
8	不育剂	药剂可直接破坏或干扰害虫的生殖系统，使其不能正常生育，如喜树碱等
9	驱避剂	药剂本身无毒或毒效低，但具有特殊颜色或气味，可使害虫不来为害，如避蚊油、樟脑丸等
10	增效剂	药剂本身无毒或毒效低，但与其他杀虫剂混合后可提高防治效果，如细胞修复酶、激活酶等

二、杀菌剂

杀菌剂是一种防治植物病害的药剂，在我国农药销售额中居第 2 位。

（一）按化学成分来源分类

杀菌剂按化学成分及来源分类，可分为 4 类：

① 人工合成的有机杀菌剂，如吗胍铜、酸式络氨铜等；

② 含有无机物质或天然矿物成分的无机杀菌剂，如石硫合剂等；

③ 用微生物或其代谢产物制成的微生物杀菌剂，也称抗生素，如井冈霉素、多抗菌素等；

④ 具有杀菌作用的从植物中提取的植物性杀菌剂，如大蒜素、香菇多糖等。

（二）按作用方式分类

杀菌剂按作用方式分类，可分为保护剂和治疗剂两种，如图 3-2 所示。

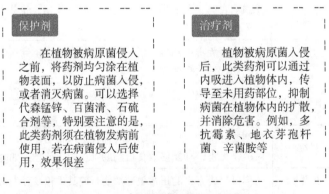

保护剂

在植物被病原菌侵入之前，将药剂均匀涂在植物表面，以防止病菌入侵，或者消灭病菌。可以选择代森锰锌、百菌清、石硫合剂等，特别要注意的是，此类药剂须在植物发病前使用，若在病菌侵入后使用，效果很差

治疗剂

植物被病原菌入侵后，此类药剂可以通过内吸进入植体内，传导至未用药部位，抑制病菌在植物体内的扩散，并消除危害。例如，多抗霉素、地衣芽孢杆菌、辛菌胺等

图 3-2 杀菌剂按作用方式分类

（三）按施药方法分类

杀菌剂按施药方法分类，可分为三大类，如图 3-3 所示。

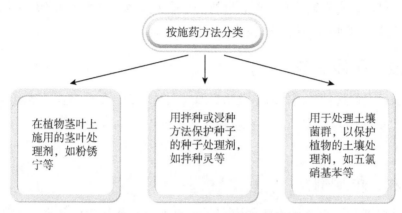

图 3-3 杀菌剂按施药方法分类

三、除草剂

除草剂是用以防除农田杂草的农药，最近几年的发展较为迅速，使用范围也较广，在我国农药销售额中居第 3 位。除草剂可分为三大类，如图 3-4 所示。

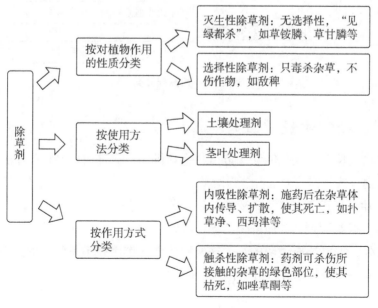

图 3-4 除草剂分类

四、杀螨剂

杀螨剂是一类防治螨类危害植物的药剂。根据其化学成分，可分为有机锡、有机磷、有机氯等几大类。另外，有很多其他杀虫剂对防治螨类也有很好的效果，如阿维菌素、齐螨素等。

五、杀线虫剂

杀线虫剂是一类用作防治植物病原线虫的农药，如硫酸铜、线虫磷等，多以土壤施用处理为主。另外，有些杀虫剂也有杀线虫的作用，如阿维菌素等。

六、杀鼠剂

杀鼠剂是一类防治鼠害的农药。一般来说，杀鼠剂可分为两大类，如图3-5所示。

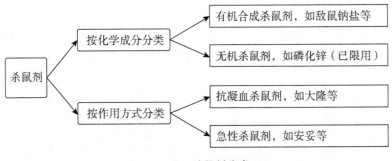

图3-5 杀鼠剂分类

七、植物生长调节剂

植物生长调节剂是能够调节植物生理机能，促进或抑制植物生长发育的一类药剂。按其作用方法可分为两类：

①生长促进剂，如复硝酚钠、芸苔素内酯等；

②生长抑制剂，如胺鲜酯、青鲜素等。

此外，需要补充说明的是，这两种药剂的作用并不是绝对的，在不同浓度下，同一种调节剂会对植物有不同的作用。

第二节　农药在综合防治中的作用

综合防治是科学管理有害生物的体系，它以农业生态系统整体为出发点，根据环境和有害生物之间的相互关系，因地制宜地综合应用必要措施，发挥自然控制因素的作用，将有害生物控制在合理水平之下，以获得最好的社会、经济、生态效益，由此也可看出，综合防治并不完全排除化学防治。

农药对人类生产生活的贡献是毋庸置疑的。几十年中，农药在促进农业增产增收方面起到了重要作用，为人类争取到了更多的食物，我们的生活水平和质量因此得到了提高。但是，随着对事物认知的不断提高和加深、科技的不断进步、科学研究的不断深入，人们逐渐重视农药的负面影响。

有统计表明，经过多年的推广与宣传，人们普遍关注的生物农药的销售额只占农药总销售额的 1.1%，其占主导地位还只是个遥远的梦想，目前首要任务是如何综合发挥农药的积极作用，同时尽可能地避免或降低由农药造成的消极影响。这也是相关治理者、科学工作者需要面对的重大课题。

合理地使用农药和科学环保是人们的最佳选择。明确并认识农药在防治有害生物中的作用，处理好农药防治与其他防治措施之间的关系，能够帮助人们从思想上认清如何有效且少害地使用农药。

第三节　农药对农作物的药害

在施用农药时，若使用不当或有其他因素干扰，则对农作物产生不良影响，甚至发生药害，造成减产，严重时可使作物死亡。此外，有一些农药，在正常使用的情况下，不仅能很好地防治病虫害，而且能刺激作物生长发育。

一、药害产生的原因

影响农药产生药害的诸多因素，包括农药的性质、植物的种类、植物的生育阶段和生理状态、环境条件等。

（一）农药的性质

不同种类的农药，其化学成分各不相同，对植物安全程度的差别有时也会很大。通常情况下，生物农药和有机合成农药较为安全，无机农药则更容易产生药害。如果农药的使用次数和浓度都在正常范围内，一般不会产生药害。需要注意的是，有少数作物对某一种或某一类的农药特别敏感。例如，豆类作物、瓜类作物，以及玉米、高粱等对敌敌畏敏感；李、桃对铜离子敏感。

原药中的杂质或加工制剂也是产生药害的主要原因，因为微生物农药、生物性农药的主要成分来源于植物，所以基本不存在药害的问题。例如，马拉硫磷原油中有高含量的杂质，往往容易对瓜果产生药害；代森锰锌中含有大量的杂质，很容易对桃树产生药害。

（二）植物种类和生育阶段、生理状态

植物的种类不同，对药效也会有不同的敏感性，这主要是由植物的生理差别和组织形态决定的。例如，叶片气孔开闭程度、气孔多少，以及黄毛多少、蜡质层厚薄等，都决定着农药是否产生药害。

苗期和发芽期的植物相对弱小，对药剂较为敏感，而在旺盛的生长期和后期，植物对药剂则相对不敏感。一般在植物生长代谢快、抗逆性强的时候，药害发生的情况较少。

（三）环境条件

环境条件也是产生药害的一个决定性因素。影响环境条件的因素包括施药时和施药后一段时间的湿度、温度等因素。

湿度对有机农药的影响比较大，如波尔多液喷布后，若遇阴雨或多湿多露水的天气，则有利于波尔多液中铜的溶出，进而极易产生药害，这是梨、苹果发生波尔多液药害的一个主要原因。通常情况下，高湿高温等因素也会影响植物的生长，使农药产生药害。其原因是在高温高湿的环境下，农药的化学活性增强，植物的生理活动也会增强，气孔开启较多且大，这将有利于农药注入，从而易引起药害。

二、药害的症状

由于药剂、作物的不同，药害表现的症状也有复杂的变化，在田间经常很难区分药害与病害的症状。通常来说，药害可分为两种：慢性药害和急性药害。

（一）慢性药害

慢性药害一般出现较慢，通常需要经过较长时间或多次施药后才能显现，慢性药害的具体症状如图 3-6 所示。

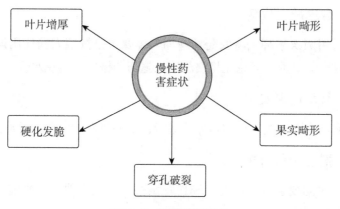

图 3-6　慢性药害症状

例如，2，4-D对葡萄、棉花的药害表现为根部肥大短粗、植物矮化等。

农产品产生不良气味或品质降低，通常也是受药害的影响，如马拉硫磷和稻瘟净容易导致作物产生异臭味，农药中含有的杂质往往是产生这种现象的主要原因。

（二）急性药害

急性药害是在喷药后的短时间内产生，甚至在喷药后的几小时就能显现，如百草枯（已禁售）对作物的药害。其症状一般是产生穿孔、斑点，甚至出现灼焦枯萎、落叶、黄化等。果实上因药害而产生的锈斑或斑点，会对果实的品质造成影响。

三、药害的预防

（一）正确选购农药

选购农药时应当注意以下3个方面：

① 观察药剂是否有分层、粉剂是否有结块、液剂是否有沉淀等变质现象；

② 要注意生产日期，确认是否在保质期内；

③ 认真阅读农药使用说明书，严格按照说明书上登记的使用剂量和作物对象用药。

（二）药前检修药械

用药前应仔细检查药械，以防漏、滴、冒、跑。喷雾要均匀，切忌粗水喷雾或重喷。

（三）合理配对农药

尽量采用两次稀释法将农药稀释均匀，要严格按照农药使用说明书规定的用水量或稀释倍数。切忌先将农药倒入施药器械中，再兑水稀释。

（四）科学混配农药

混配农药应在农技人员的指导下进行，不要将多种农药同时混配使用。

（五）把握施药时机

施药的时间要避开高温时段和作物敏感期，更不要在暴雨前、大风、极端低温等条件下施用农药。

（六）认真清洗药械

用药后及时清洗施药器械，并做好防护工作。

（七）避免人为药害

减少人为的药害事件，发生人为药害后应及时降低损害。

四、药害的补救措施

在农药正确施用后，也要经常观察农作物的生长发育情况，以便第一时间发现药害，并及时采取补救措施，从而减轻药害的影响程度。

药害补救措施有4种，如图3-7所示。

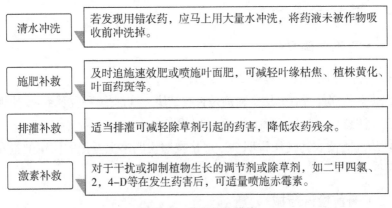

图3-7　药害补救措施

第四节 主要农作物常用农药及安全间隔期

一、常用杀虫剂

农业中常用杀虫剂，如图3-8所示。

图3-8 常用杀虫剂

二、常用杀菌剂

农业中常用杀菌剂，如图3-9所示。

图3-9 常用杀菌剂

三、防治主要作物病虫害常用农药

防治主要作物病虫害常用农药，如表3-2所示。

表3-2 防治主要作物病虫害常用农药

序号	病虫害名称	常用农药名称
1	油菜蚜虫	啶虫脒、吡虫啉
2	小麦赤霉病	戊唑·福美双、三唑酮、多菌灵
3	小麦纹枯病	井腊芽、多酮、井冈霉素
4	麦圆蜘蛛	阿维菌素、哒螨灵
5	小麦蚜虫	啶虫脒、吡虫啉
6	水稻纹枯病	丙环唑、井腊芽、井冈霉素
7	稻飞虱	啶虫脒、毒死蜱、吡虫啉、噻嗪酮
8	稻曲病	井烯唑、井腊芽、戊唑醇
9	稻纵卷叶螟	甲维盐、氟铃辛、毒死蜱、阿维菌素
10	二化螟	三唑磷·阿维菌素、三唑磷、杀虫单
11	油菜菌核病	腐霉利、菌核净、咪鲜胺
12	辣椒炭疽病	甲基托布津、多·硫
13	辣椒疫病	雷多米尔、克露
14	番茄灰霉病	农利灵、扑海因
15	棉铃虫	氟铃脲、氟铃辛、毒死蜱、硫丹青氰
16	棉红蜘蛛	哒螨灵、阿维菌素、炔螨特
17	棉蚜	啶虫脒、吡虫啉
18	菜青虫	辛硫磷、锐劲特
19	小菜蛾	阿维·氯氰、甲维盐、氯辛
20	斜纹夜蛾	氟铃脲、高效氯氰菊酯
21	立枯病、猝倒病	多灵克、恶霉灵
22	甜菜夜蛾	甲维盐、安打

序号	病虫害名称	常用农药名称
23	地下害虫	乐果、敌百虫、辛硫磷
24	韭蛆	辛硫磷、毒死蜱
25	疫病	雷多米尔、克露
26	霜霉病	雷多米尔、克露
27	蚜虫	扑虱蚜、吡虫啉、扑虱灵
28	黄守瓜	敌百虫、乐果、保得
29	瓜绢螟	氰戊菊酯、锐劲特、乐果

四、主要农作物常用农药的安全间隔期

（一）水稻常用农药的安全间隔期

水稻常用农药的安全间隔期，如图 3-10 所示。

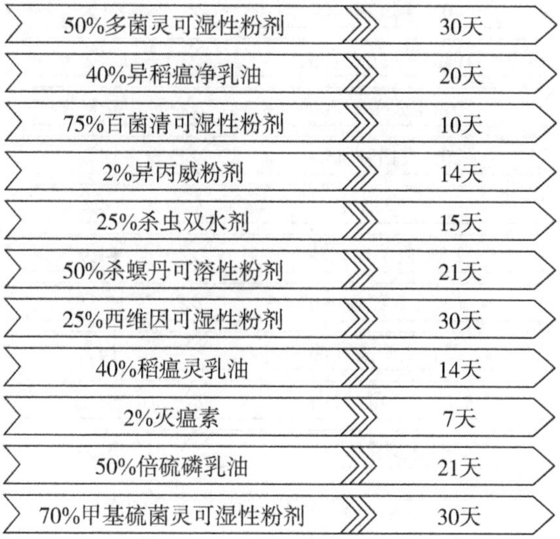

50%多菌灵可湿性粉剂	30天
40%异稻瘟净乳油	20天
75%百菌清可湿性粉剂	10天
2%异丙威粉剂	14天
25%杀虫双水剂	15天
50%杀螟丹可溶性粉剂	21天
25%西维因可湿性粉剂	30天
40%稻瘟灵乳油	14天
2%灭瘟素	7天
50%倍硫磷乳油	21天
70%甲基硫菌灵可湿性粉剂	30天

图 3-10　水稻常用农药的安全间隔期

（二）小麦常用农药的安全间隔期

小麦常用农药的安全间隔期，如图 3-11 所示。

70%甲基硫菌灵可湿性粉剂	30天
25%除虫脲可湿性粉剂	21天
25%氯环三唑乳油	28天
25%灭幼脲悬浮剂	15天
50%多菌灵可湿性粉剂	20天
10%三氯苯醚菊酯乳油	7天
40%乐果乳油	10天

图 3-11　小麦常用农药的安全间隔期

（三）棉花常用农药的安全间隔期

棉花常用农药的安全间隔期，如图 3-12 所示。

40%毒死蜱乳油	21天
10%马扑立克乳油	14天
20%速灭杀丁乳油	7天
20%灭扫利乳油	14天
5%来福灵	14天
2.5%敌杀死乳油	14天
10%高效氯氰菊酯	7天
25%氯菊酯乳油	14天
75%硫双威可湿性粉剂	14天
73%克螨特乳油	21天

图 3-12　棉花常用农药的安全间隔期

（四）白菜常用农药的安全间隔期

白菜常用农药的安全间隔期，如图 3-13 所示。

25%喹硫磷乳油	24天
10%氯菊酯乳油	5天
40%乐果乳油	10天
20%灭扫利乳油	3天
5%来福灵	3天
20%速灭杀丁乳油	12天
2.5%敌杀死乳油	2天
40%乙酰甲胺磷乳油	7天

图3-13 白菜常用农药的安全间隔期

（五）苹果常用农药的安全间隔期

苹果常用农药的安全间隔期，如图3-14所示。

50%溴螨酯乳油	21天
50%扑海因可湿性粉剂	7天
5%氯氰菊酯乳油	21天
5%来福灵乳油	14天
20%灭扫利乳油	30天
20%速灭杀丁乳油	14天
2.5%敌杀死乳油	5天
75%百菌清可湿性粉剂	20天
50%杀螟松乳油	15天
40%乐果乳油	7天
73%克螨特乳油	30天

图3-14 苹果常用农药的安全间隔期

（六）番茄常用农药的安全间隔期

番茄常用农药的安全间隔期，如图3-15所示。

75%百菌清可湿性粉剂	7天
10%天王星乳油	4天
50%托尔克可湿性粉剂	7天

图3-15　番茄常用农药的安全间隔期

（七）黄瓜常用农药的安全间隔期

黄瓜常用农药的安全间隔期，如图3-16所示。

64%杀毒矾可湿性粉剂	3天
10%高效灭百可乳油	3天
58%甲霜灵锰锌可湿性粉剂	1天
40%乐果乳油	2天

图3-16　黄瓜常用农药的安全间隔期

第五节　农药的科学管理与应用

随着人们愈加重视环境的保护，以及我国现代农业的飞速发展，人们对农药及其使用技术有了更高的要求。农药作为一种特殊商品，如果使用方法不当，会造成农产品农药残留、环境被污染、农作物药害，甚至出现人畜中毒的情况；若使用方式得当，可第一时间控制或消灭作物生产中的虫害、草害、病害、鼠害，在保障农民增产增收方面起重要作用。

一、农药的科学使用

农药就像一把双刃剑，对植物的生长有益处，也有害处，这就需要学会科学地使用农药。科学合理地使用农药必须注意以下7个方面。

（一）做好害虫状况调查，抓住施药关键期

施药前必须开展害虫状况调查，充分掌握农田病虫害的主要发生种类，找到最佳防治时期并施药。如果施药时间过迟，则效果差，不能起到

控制作用，同时也会造成农药不必要的浪费；如果施药时间过早，则药效不能与病虫害防治期相吻合，达不到控制危害的目的。因而，就要把握好防治时期，选择病虫害对农药的敏感期或其薄弱环节喷药。例如，通常杀虫剂的施用应在害虫卵孵化盛期至幼虫 3 龄前；对于卷叶蛀食的害虫，应当在卷叶、蛀食前施药，这样效果最佳。因此，防治病虫害应选择发病初期或发病前用药。

（二）避免长时间单一地使用一种农药

在农药的使用过程中存在着一种现象，即人们一旦发现某种农药防效好就会长期使用，一般情况不轻易更换，防效下降便认为农药的含量低了，而没有认识到这是长期使用一种农药导致的后果。事实上，病菌对同种农药极易产生抗药性，害虫容易对长时间单一使用的农药产生抗药性，特别是对作用点少的杀菌剂。例如，20 世纪，人们开始用速克灵防治蔬菜灰霉病，最初使用时，杀菌效果显著，但现在抗性已经增加到了 680 倍。由于害虫有了抗药性，农民单纯增加药量已无济于事，结果只能是人为筛选出了有着更强抗药性的害虫后代，最终随着用药浓度的不断提高，害虫的抗药性也在逐步加强，形成恶性循环。

因此，在使用农药的过程中，正确的方式应是几种农药交替使用或合理混合搭配，从而延长使用时间，提高防治病虫害的效果。

（三）对症下药，明确防治

在进行农药的选择时，需要明确害虫的危害特点和生理机制，另外也要清楚农作物品种、生长环境、生育时期等。农药性能、病虫生理机制不同，导致不同作物对农药的反应也不同。

农田中的病虫草害种类繁多，每一种类面对不同药剂所发生的反应各不相同，同一种类的不同种群间的反应也有很大的差别，因此只有在明确防治对象，再经综合评价后，才能选出适宜的农药品种。例如，对于咬食叶片的害虫，可选用胃毒作用强的药剂进行防治，如用具有胃毒作用的敌敌畏来防治菜青虫；对于吮吸植物汁液的害虫，可选用内吸性药剂，如用吡虫啉防治叶蝉、飞虱、蚜虫等；在防治麦田杂草时，要先查清杂草的种类，再选择适合的农药品种。

（四）不随意加大用药浓度或增加用药量

现在仍然有很多农民有着错误的认识，即加大用药浓度或增加用药量，就可以提高防治的效果，这就导致增加用药量成了普遍现象。

农民在配药时方法"粗放"，用瓶盖代替量具，随意量取药剂，导致最终用药量远超过规定的标准剂量。如此一来，不仅造成农药的大量浪费，而且造成严重药害，污染环境、破坏农田的生态平衡、加重害虫对农药的抗药性，最终危害到人们的身体健康。

（五）注意天气变化，把握施药时间

在烈日直射、晴朗炎热的中午喷药，药性极易挥发，且有些农药遇光易光失效。因此，施药要选择适宜的时间，这既有利于安全施药，又可以提升防治效果。喷洒农药最好选择微风或晴朗无风的天气。

在夏季，中午气温在 30 ℃以上时，施药时间适宜安排在上午 8 点到 11 点或下午 3 点到 6 点；而在春、秋季，中午气温通常在 15~30 ℃，施药时间适宜安排在上午 11 点到下午 3 点。一天的总作业时间不应超过 6 小时，应尽可能缩短作业时人与农药的接触时间[①]。

此外，需要注意的是，上午 8 点之前或下午 6 点之后可喷撒粉剂农药，而农作物生长的中后期在高温季节时，禁止使用剧毒或高毒农药。

（六）混合用药，合理搭配

当前，农药的混合使用已经相当普遍，对控制病虫草害起着十分重要的作用。农药的混用应根据农药的理化性质或选择作用机制不同的农药交替使用，这样不但能延缓病虫草害产生的抗药性，还能提高对病虫草害的防治效果。农药混配应注意以下 3 个问题。

① 农药混配后，效果互不影响或药效可以得到提高的可以混用，但如果农药混配后药效没有得到提高，单一农药的效果也不能正常发挥，那就不能将这几种农药混配使用。

② 农药经过混配后，对农作物产生药害的不能混合使用。

③ 农药混配后，药效反而迅速降低或失效的一定不能混用；若混配后，

---

① 吴觉辉，苏彪，曹志平，等.加强农业生物灾害控防的几点思考［J］.安徽农学通报，2010，16（5）：2.

经过一段时间药效降低的，可采取随混随用措施。

（七）注意农药的安全间隔期

安全间隔期是指根据农药在农作物上代谢、残留、消失等制定的最后一次施药到作物收获的间隔日期，安全间隔期内禁止施药。安全间隔期的长短受诸多因素影响，如环境、季节、作物种类、施药方式、施药浓度、农药种类、剂型等[1]。

在用药的过程中，要控制好用药的剂量，不能超过规定的最高施药量。此外，要尽量减少用药次数，在病虫害严重的年份，如果按规定的最高次数用药还不能达到防治要求，则应及时更换农药种类，不可任意增加施药次数。安全间隔期是农产品上农药残留的最大影响因素，在确定施药时间的过程中，必须要推算出最后一次施药距离农作物采收的间隔天数。

根据农作物需要防治的对象，应做到以下 3 点：

① 选择有针对性的农药品种，优先选择高效、低毒、低残留的农药或无公害农药；

② 严禁在瓜果、蔬菜、果树上施用高残留、剧毒农药；

③ 应尽可能不施用广谱农药，避免杀死害虫的天敌，破坏生态系统平衡。

与此同时，还要选择农作物不敏感的农药，某种农作物或农作物的某个生育期对一些农药特别敏感，若施用则可能造成很严重的后果。例如，李、桃在生长季节对波尔多液较为敏感；枣、梨、桃等果树对乐果、氧化乐果敏感，使用前应先做试验以确定使用的安全浓度；敌敌畏被严格禁用于核果类果树；另外，还应根据农作物产品外销的市场情况，避免选择该国市场明令禁止使用的农药。

二、农药的科学管理

《农药管理条例》第三十四条对农药禁限用方面也做出了相关规定：农药使用者应当严格按照农药的标签标注的使用范围、使用方法和剂量、使用技术要求和注意事项使用农药，不得扩大使用范围、加大用药剂量或者改变使

---

① 　熊勇军.大力推进农作物病虫害专业化防治［J］.作物研究，2009，23（专辑）：70－72.

用方法。农药使用者不得使用禁用的农药。标签标注安全间隔期的农药，在农产品收获前应当按照安全间隔期的要求停止使用。

剧毒、高毒农药不得用于防治卫生害虫，不得用于蔬菜、瓜果、茶叶、菌类、中草药材的生产，不得用于水生植物的病虫害防治。

生产厂家或企业应严格遵守该规定，如使用禁用的农药或超出农药登记批准使用范围的农药，均按照假农药处理，除面临罚款外，情节严重的由发证机关吊销农药生产许可证和相应的农药登记证，构成犯罪的，依法追究刑事责任。

（一）农药登记制度

农药登记制度就是指农药生产企业，必须进行登记。农药在进入市场之前，生产厂家须向国家主管农药登记的机构申请登记，经审查批准发证后，才能组织生产，作为商品销售。

农药登记制度始于 1947 年美国，目前世界上大多数国家已实行农药登记制度。我国农药登记工作始于 1982 年，同年 4 月由国务院六部委联合颁发《农药登记规定》，同年 10 月 1 日开始执行[①]。

1997 年国务院发布的《中华人民共和国农药管理条例》规定农业部农药检定所负责全国农药的具体登记工作，省级农业行政主管部门所属的农业检定机构协助做好本行政区域内的农业具体登记工作。

国内首次生产和首次进口的农药，其登记流程须按照以下 3 个阶段进行。

1. 田间试验

由研制者提出田间试验申请，经批准，方可进行田间试验。田间试验阶段的农药不得销售。

2. 临时登记

田间试验后，需要进行示范试验（面积应超过 150 亩），由第三方做田间试验，取得数据。试销、在特殊情况下需要使用而进行的农药临时登记，有效期为 1 年，可以续展，积累有效期不得超过 3 年（2007 年前为 4 年）。

---

① 欧高才，唐会联，陈越华.湖南省农作物病虫害专业化统防统治发展路径初探［J］.中国植保导刊，2011，31（10）：46-48.

3. 正式登记

作为正式商品在市场上流通的农药，需要申请正式登记。在这之前，还要通过国内田间试验、获得残留试验的完整数据，并且环境生态和毒理学也应当具备完备的资料。正式登记有效期为5年，可以续展。

（二）农药生产许可制度

农药生产许可制度指的是开办农药生产企业（包括联营、设立分厂，以及非农药生产企业设立农药生产车间），必须具备相应的资格条件，并要通过国务院工业产品管理部门的审核批准，发放农药生产许可证或生产批准证号及相应的证号。农药生产许可证是获得国家批准允许生产的重要证书。

（三）农药经营许可制度

《农药管理条例》中对于农药经营许可制度的具体规定如下。

第二十四条 国家实行农药经营许可制度，但经营卫生用农药的除外。农药经营者应当具备下列条件，并按照国务院农业主管部门的规定向县级以上地方人民政府农业主管部门申请农药经营许可证：

（一）有具备农药和病虫害防治专业知识，熟悉农药管理规定，能够指导安全合理使用农药的经营人员；

（二）有与其他商品以及饮用水水源、生活区域等有效隔离的营业场所和仓储场所，并配备与所申请经营农药相适应的防护设施；

（三）有与所申请经营农药相适应的质量管理、台账记录、安全防护、应急处置、仓储管理等制度。

经营限制使用农药的，还应当配备相应的用药指导和病虫害防治专业技术人员，并按照所在地省、自治区、直辖市人民政府农业主管部门的规定实行定点经营。

县级以上地方人民政府农业主管部门应当自受理申请之日起20个工作日内作出审批决定。符合条件的，核发农药经营许可证；不符合条件的，书面通知申请人并说明理由。

第二十五条 农药经营许可证应当载明农药经营者名称、住所、负责人、经营范围以及有效期等事项。

农药经营许可证有效期为 5 年。有效期届满，需要继续经营农药的，农药经营者应当在有效期届满 90 日前向发证机关申请延续。

农药经营许可证载明事项发生变化的，农药经营者应当按照国务院农业主管部门的规定申请变更农药经营许可证。

取得农药经营许可证的农药经营者设立分支机构的，应当依法申请变更农药经营许可证，并向分支机构所在地县级以上地方人民政府农业主管部门备案，其分支机构免予办理农药经营许可证。农药经营者应当对其分支机构的经营活动负责。

第二十六条 农药经营者采购农药应当查验产品包装、标签、产品质量检验合格证以及有关许可证明文件，不得向未取得农药生产许可证的农药生产企业或者未取得农药经营许可证的其他农药经营者采购农药。

农药经营者应当建立采购台账，如实记录农药的名称、有关许可证明文件编号、规格、数量、生产企业和供货人名称及其联系方式、进货日期等内容。采购台账应当保存 2 年以上。

第二十七条 农药经营者应当建立销售台账，如实记录销售农药的名称、规格、数量、生产企业、购买人、销售日期等内容。销售台账应当保存 2 年以上。

农药经营者应当向购买人询问病虫害发生情况并科学推荐农药，必要时应当实地查看病虫害发生情况，并正确说明农药的使用范围、使用方法和剂量、使用技术要求和注意事项，不得误导购买人。

经营卫生用农药的，不适用本条第一款、第二款的规定。

第二十八条 农药经营者不得加工、分装农药，不得在农药中添加任何物质，不得采购、销售包装和标签不符合规定，未附具产品质量检验合格证，未取得有关许可证明文件的农药。

经营卫生用农药的，应当将卫生用农药与其他商品分柜销售；经营其他农药的，不得在农药经营场所内经营食品、食用农产品、饲料等。

第二十九条 境外企业不得直接在中国销售农药。境外企业在中国销售农药的，应当依法在中国设立销售机构或者委托符合条件的中国代理机构销售。

向中国出口的农药应当附具中文标签、说明书，符合产品质量标准，并经出入境检验检疫部门依法检验合格。禁止进口未取得农药登记证的农药。

办理农药进出口海关申报手续，应当按照海关总署的规定出示相关证明文件。

第六节　我国禁用及限用农药品种

一、我国禁止（停止）使用的农药（50 种）

截至 2022 年 3 月底，我国已禁限用 50 种农药（详细禁限用农药名录见下文）。预计未来一段时间内，随着风险评估的引入和国家对安全、高效、经济农药的鼓励和支持，会有越来越多的高风险农药产品被列为禁限用农药。相关生产厂家及企业需更好地了解农药禁限用知识。

其中禁止（停止）使用的 50 种农药的明细为：六六六、滴滴涕、毒杀芬、二溴氯丙烷、杀虫脒、二溴乙烷、除草醚、艾氏剂、狄氏剂、汞制剂、砷类、铅类、敌枯双、氟乙酰胺、甘氟、毒鼠强、氟乙酸钠、毒鼠硅、甲胺磷、对硫磷、甲基对硫磷、久效磷、磷胺、苯线磷、地虫硫磷、甲基硫环磷、磷化钙、磷化镁、磷化锌、硫线磷、蝇毒磷、治螟磷、特丁硫磷、氯磺隆、胺苯磺隆、甲磺隆、福美胂、福美甲胂、三氯杀螨醇、林丹、硫丹、溴甲烷、氟虫胺、杀扑磷、百草枯、2，4-滴丁酯、甲拌磷、甲基异柳磷、水胺硫磷、灭线磷。其中需要注意的是，2，4-滴丁酯自 2023 年 1 月 29 日起禁止使用。溴甲烷可用于"检疫熏蒸处理"。杀扑磷已无制剂登记。甲拌磷、甲基异柳磷、水胺硫磷、灭线磷，自 2024 年 9 月 1 日起禁止销售和使用。

二、在部分范围禁止使用的农药（20 种）

我国在部分范围内禁止使用的 20 种农药的具体明细如表 3-3 所示。

表3-3　在部分范围禁止使用的农药

序号	通用名	禁止使用范围
1	甲拌磷、甲基异柳磷、克百威、水胺硫磷、氧乐果、灭多威、涕灭威、灭线磷	禁止在蔬菜、瓜果、茶叶、菌类、中草药材上使用，禁止用于防治卫生害虫，禁止用于水生植物的病虫害防治
2	甲拌磷、甲基异柳磷、克百威	禁止在甘蔗作物上使用
3	内吸磷、硫环磷、氯唑磷	禁止在蔬菜、瓜果、茶叶、中草药材上使用
4	乙酰甲胺磷、丁硫克百威、乐果	禁止在蔬菜、瓜果、茶叶、菌类和中草药材上使用
5	毒死蜱、三唑磷	禁止在蔬菜上使用
6	丁酰肼（比久）	禁止在花生上使用
7	氰戊菊酯	禁止在茶叶上使用
8	氟虫腈	禁止在所有农作物上使用（玉米等部分旱田种子包衣除外）
9	氟苯虫酰胺	禁止在水稻上使用

第七节　农药对环境及人类健康的影响

一、农药对环境的影响

（一）农药对土壤的污染

农药对土壤的污染主要与农药的使用历史有关，20世纪60年代我国广泛使用含砷和含汞的农药，至今在部分地区仍然有着污染残留。土壤被认为是农药在自然环境中的"集散地"与"储藏库"，施入农田的农药大部分都残留在土壤中。有研究数据显示，最终80%～90%施用的农药会进入土壤中。

土壤中农药的主要来源有以下4个方面：

①农业生产中，为防治农田病虫草害而直接向土壤施用的农药；

②农业生产过程中采用喷雾时，或者农药的加工、生产企业排放废气，使大粉粒或粗雾粒降落到土壤上；

③ 被污染植物的残体分解并随着降水或灌溉水渗入土壤中；

④ 农药加工、生产企业产生的废渣、废水，向土壤直接排放或在农药运输过程中发生事故泄漏等。

1983 年有机氯农药被禁用后，菊酯类、氨基甲酸酯和有机磷等农药成为其替代品。从全国的使用情况来看，这类作为替代品的农药在土壤中容易降解，并且没有大面积污染的情况出现。土壤中残留的农药可以通过降解、挥发、移动，甚至是被作物吸收等多种方式逐渐从土壤中消失。

（二）农药对水资源的污染

有关研究数据显示，目前全球的地表水域或多或少都受到了农药的污染。人们已经开始高度重视农药对地表水资源的严重污染，除地表水体以外，农药也污染了地下水源。

污染水体的主要农药来源有以下 5 个方面：

① 直接向水体施用农药；

② 农药的加工、生产企业排放的废水；

③ 农药在使用时，粉尘微粒或雾滴随风飘移、沉降后进入附近水体，或者施药器械和工具清洗后的废水流入水体；

④ 农田施用的农药随灌溉水或雨水迁移流入到水体；

⑤ 大气中残留的农药随降水进入到水体。

在某些沙性重的，或者有较高地下水位的土壤地区，施用的甲拌磷、毒死蜱、拉索、呋喃丹等农药，很容易流入地下水中。一旦发生这种情况，农药很难降解，其降解的半衰期通常在一年以上。例如，2015 年 10 月，甘肃康乐县一公司在给云杉苗木灌溉时，采用了大水漫灌的方式，使带有甲拌磷和毒死蜱农药的灌溉水渗入地下，造成附近村镇 12 名群众饮水中毒。

通常情况下，农田水受农药污染最严重，最严重时浓度可达每升数十毫克的数量级。伴随着农药在水体中的迁移扩散（从农田水流入河流水），农药的污染程度会逐渐减弱，但其污染范围却不断扩大。深层地下水因为有了土壤的吸附作用或净化处理作用，其污染程度减轻。海水则因其巨大水域的稀释作用，污染最轻。

（三）农药对大气的污染

农药对大气的污染主要通过以下 3 个方面：

① 飞机或地面喷雾、喷粉施药作业时产生污染；

② 大气中残留的农药漂浮物被大气中的飘尘吸附，或者以气溶胶与气体的状态悬浮于空气中；

③ 农药加工、生产企业直接排放的废气。

空气中残留的农药将随着大气的运动而扩散，使大气的污染范围进一步扩大，如有机氯一类具有高稳定性的农药，在进入大气层后可随风进行长距离飘移，扩大污染区域。例如，在青藏高原海拔 4250 米的南迦巴瓦峰的积雪中，人们检测出了有机磷农药。

大气中残留农药的危害主要体现在两个方面：① 随风飘移的农药对非靶标区作物产生药害；② 施药作业人员吸入含农药的空气，出现中毒的情况。

（四）农药对环境、生物的危害

农药的污染将破坏生态系统的平衡、威胁生物的多样性，农药的大量使用，特别是高毒农药的使用，破坏了自然环境中天敌与害虫原有的平衡。例如，① 一些捕食性、寄生性的天敌，如病原微生物（真菌、细菌、病毒和原生动物）；② 捕食性和寄生性昆虫；③ 脊椎动物，如蛙类、鸟类；④ 线虫；⑤ 蜘蛛。

此外，农药的使用加速了蜜蜂等传粉昆虫的灭绝，影响了作物的产量，同时也改变了生物的栖息地。农药残留超标会减少农产品出口创汇，农药中毒事件和污染事故的发生，会给国民经济造成巨大损失。

二、农药对人类健康的影响

农药给人们的生产生活带来许多益处的同时，也给人们带来很多不利的影响。人、畜在食用含有大量剧毒、高毒农药残留的食物后会引发急性中毒事故。长期食用农药残留量超标的农产品则会引起慢性中毒，进而可能引发各种慢性疾病。据有关部门的不完全统计，每年我国会发生几万起农药中毒事故，死亡人数也较多。据报道，人类的某些疾病和许多癌症也都是由农药引起的。农药对人体慢性危害引起的细微效应主要体现在 3 个方面：①组织病理的改变；②致突变、致畸和致癌；③对酶系统的影响。

　　农药对人体的急性危害通常容易被发觉，慢性危害的影响却很容易被忽视。近些年，一些因食用农药残留超标的蔬菜中毒的事件不断发生，这是由于一些地方违反农药的相关规定，没有合理安全地使用农药，甚至使用了禁止在蔬菜上使用的高毒剧毒农药。近些年来，农药中毒情况已由农民生产性中毒扩大到工地、工厂、学校、普通居民食物中毒等，危害和影响有进一步扩大的趋势。

第四章

施药技术应用

在农药的生产、使用方面，中国可谓是数一数二的大国，使用农药的量最高能接近 140 万吨。但是施药不是撒在田地里就能起到作用，而是需要一定的施药技术，在这方面，中国与一些发达国家是有很大差距的。根据调查数据可知，由于不发达的施药技术，起作用的农药仅有总施药量的一半，其余的都流失了。

没能有效地防治病害，却使没有被利用的农药流入土壤和水中，危害了环境、人类、牲畜。因此，施药技术非常关键，科学合理地施药防治，不但可以增加农业的整体产量，而且可以避免农药浪费，不做无用功，环境、人类、牲畜都可以免受其害。

针对不同的对象，采用不同的防治措施，才能取得有效的成果。例如，病害由虫、老鼠，甚至杂草造成，需要对症下药，不能采取单一的措施，农药的类型非常多，有气体、液体、固体的。固体的分为粉状、颗粒状，可以喷粉、撒粉等；液体的可以喷雾、涂抹等；气体的有容易挥发的液体药剂，可以熏蒸。

人们最常用的方法为喷雾、喷粉，随着技术的不断提升，出现了控制雾滴喷雾等施药方法，让施药技术越来越有效、安全、科学，且能有效降低成本。

第一节　施药前的准备工作

一、配制农药

只有很少一部分农药能直接施用，其他都需要调配后才能够使用。例如，可湿性粉剂、乳油都不能直接用于农作物，一定要兑水稀释降低浓度才能够使用，或者掺杂细土，混合拌匀为毒土再施用。

配制农药有一定的比例和方法，正确科学的调配非常关键，这样才能更安全、更合理地使用农药。

（一）计算农药制剂及配药量

想要精准地计算出农药制剂及配药量，就要严格按照说明书来配制，它将用量及稀释的倍数都标明了（中国说明书是经过审核的，具有非常高的可信度）。在取量的时候要考虑制剂中有效成分所占比例、施药面积、单位面积中有效成分的量。

农药配制过程中，一般通过兑水稀释浓度，这个比例是根据农药有效成分含量、植物大小、施药时用的器皿大小决定的，需要严格遵照配比说明，或者请专业人员配制。浓度过高、过低都难以达到效果：浓度过低，就像喷水一样，很难达到防治效果，导致人力、物力的损失；浓度过高，会使农作物一起受到影响。

（二）科学配制农药

农药制剂及配药量确定后，就可以根据所需的量来称了，称重的器皿要与药品状态相对应，如液体一定要使用有刻度的，称好后混合，并不断搅拌，注意搅拌的时候要用专门的工具。

配制农药的时候要注意安全，以免因浓度过高引起中毒。为了准确、安全地进行农药配制，有以下内容需要遵守（图4-1）。

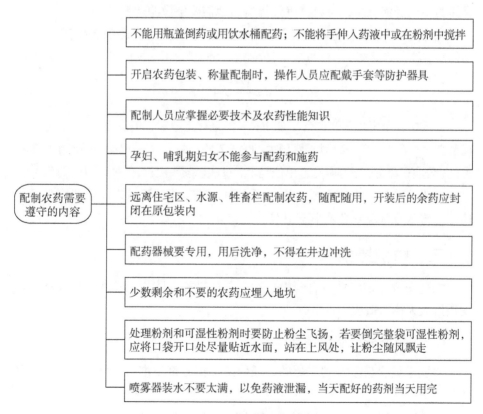

不能用瓶盖倒药或用饮水桶配药；不能将手伸入药液中或在粉剂中搅拌

开启农药包装、称量配制时，操作人员应配戴手套等防护器具

配制人员应掌握必要技术及农药性能知识

孕妇、哺乳期妇女不能参与配药和施药

远离住宅区、水源、牲畜栏配制农药，随配随用，开装后的余药应封闭在原包装内

配药器械要专用，用后洗净，不得在井边冲洗

少数剩余和不要的农药应埋入地坑

处理粉剂和可湿性粉剂时要防止粉尘飞扬，若要倒完整袋可湿性粉剂，应将口袋开口处尽量贴近水面，站在上风处，让粉尘随风飘走

喷雾器装水不要太满，以免药液泄漏，当天配好的药剂当天用完

配制农药需要遵守的内容

图4-1 配制农药需要遵守的内容

二、计算作业参数

（一）施药液量

喷雾、药液的量，取决于作物种类、病虫害类型及生长期，不仅需要全方位考虑，还要选择适合喷孔的喷孔片及垫圈数。圆锥的喷头，如果是喷洒正常量的喷雾，选择头部是空心的、大小为 1.6 毫米左右的孔径，一亩喷施的药量接近 50 升[①]；如果喷洒低量的喷雾，就选择 0.7 毫米的头部孔径，每亩喷施的药量在 10 升左右。

（二）行走速度

在测量喷头流量及喷幅的时候，要依靠风力来确定。喷孔的孔径及喷雾压少决定喷头流量，施药量应以喷头流量为依据。喷片确定后，测量它在喷雾压力下的药液流量，可以精确计算每亩地需要施撒的药量。

怎样测定流量呢？可以先将水装进喷雾器，按喷药的形式喷药及打气，将喷出的水直接喷到量杯中，计算出 1 分钟喷出的药量，再根据公式算出行走速度：

$$V = \frac{Q}{qB} \times 10^4。 \qquad (4-1)$$

公式中各个字母代表的含义如下：V 为是行走速度，单位是米/秒，它的取值范围大约在 1～1.3 米/秒，水田大约为 0.7 米/秒；q 表示田地施药液量，单位是升/公顷；B 表示喷雾幅宽，单位是米；Q 表示喷头流量，单位是升/分钟[②]。

喷头流量与行走速度成正比，可以通过调节喷头流量来加快或降低行走速度。施药液量误差必须小于 10%。

三、防护措施

农药安全防护应针对农药中毒途径采取措施，防止农药通过可能接触的渠道进入人体，造成中毒事故。

（一）皮肤表层防毒措施

皮肤是最容易接触到农药的，任何防护措施都不准备，就很容易被农药

---

① 唐会联 . 农作物病虫害专业化防治问答连载四［J］. 湖南农业，2009，9：22.
② 欧高才，唐会联，陈越华 . 湖南省农作物病虫害专业化统防统治发展路径初探［J］. 中国植保导刊，2011，31（10）：46-48.

侵蚀，从而通过皮肤表层到达体内，达到一定量就中毒了，因此具体的防护措施是必不可少的（图4-2）。

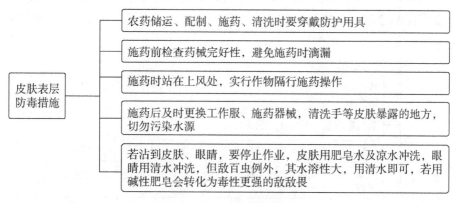

图4-2 皮肤表层防毒措施

（二）吸入性防毒措施

在喷施农药的过程中，喷雾、喷粉等会产生很多蒸汽、粉粒，这些都会直接进入呼吸道，从而中毒。农药进入人体后会导致鼻腔、喉咙、气管等受到伤害。

雾滴、烟雾等为微粒直径（不大于10纳米），很轻易就能侵入肺部，直径为50～100纳米的可以进入呼吸道。在密闭环境中，一定要注意农药的毒性，特别是在温室等地方使用烟雾剂，有很高的风险。为了减少施药人员吸入药品的量及概率，有以下几点防护措施（图4-3所示）。

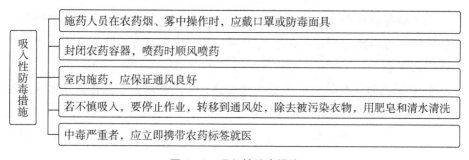

图4-3 吸入性防毒措施

（三）口入性防毒措施

一旦农药进入口腔、肠胃等，且被吸收，就会导致中毒，比皮肤接触受到的毒害大得多。如果接触过农药，却没有及时洗手、洗脸，残留的农药会通过吃饭、吸烟等进入消化道[1]。

例如，种子经过农药处理后被误食、蔬菜施药没多久就被人食用等，有很多情况都会使农药进入口腔，进而伤害肠胃。口入性防毒措施，如图4-4所示。

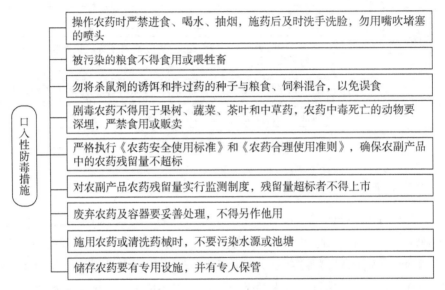

口入性防毒措施
- 操作农药时严禁进食、喝水、抽烟，施药后及时洗手洗脸，勿用嘴吹堵塞的喷头
- 被污染的粮食不得食用或喂牲畜
- 勿将杀鼠剂的诱饵和拌过药的种子与粮食、饲料混合，以免误食
- 剧毒农药不得用于果树、蔬菜、茶叶和中草药，农药中毒死亡的动物要深埋，严禁食用或贩卖
- 严格执行《农药安全使用标准》和《农药合理使用准则》，确保农副产品中的农药残留量不超标
- 对农副产品农药残留量实行监测制度，残留量超标者不得上市
- 废弃农药及容器要妥善处理，不得另作他用
- 施用农药或清洗药械时，不要污染水源或池塘
- 储存农药要有专用设施，并有专人保管

图4-4　口入性防毒措施

（四）个人防护措施

为了避免农药中毒，应该严格执行防护措施，尤其是个人的防护措施，保护皮肤，可以使用聚苯乙烯膜防护服、橡皮手套；保护呼吸器官，可以使用防毒面罩等。

① 呼吸器官防护器具。根据农药毒性、挥发性高低、操作方法和地点选用防毒面具、防毒口罩、防微粒口罩。

② 皮肤防护器具。例如，透气性工作服和橡胶围裙、胶鞋、胶皮手套、防护眼镜。

第二节　农药的施用方法

农药的施用方法由农药物理化学方面的特征、生物的标靶行为特征、环境条件等因素决定，在农药的施用过程中，可以采用的方法有喷雾法、喷粉法、烟雾法、熏蒸法、航空施药等多种形式。

一、喷雾法

喷雾法是将液态农药装入喷雾机中，将其喷洒成雾状分散体系的施药方法。在农业、林业、畜牧业中，以及在医院、新冠肺炎疫情期间对物品设施等消毒的时候，应用较为广泛。喷雾法，无论是技术，还是分类都非常多。

（一）基本原理

1. 雾化原理

（1）气力式雾化

药液被高速气流拉伸后分散雾化，这样的雾化方式可以产生均匀且直径较细的雾滴，气流压力波动时雾滴细度基本没有变化，这样的雾化原理也被应用在手动吹雾器等。

（2）离心式雾化

将农药装入圆杯等器皿，并高速旋转，产生的离心力会使药液以一定细度的药滴状态从圆杯的边缘飞离，变成雾滴。雾化的原理就是通过离心力，使药液脱离圆杯变为药丝，再进一步断裂为雾滴。想要药液变得更细，那转盘的速度就要更高，使药滴具有足够加速度，雾化就细了。

（3）液力式雾化

用专门用于农药液化的喷头及喷嘴，将药液分散为雾滴，然后喷洒。原理就是通过压力把药液压成液膜，再利用其本身不稳定的特征，与空气碰撞后破裂成雾滴。液力式雾化法是高容量和中容量喷雾所采用的喷雾方法，在喷施的时候，操作简单，雾滴的粒径较大，不易飘走。

2. 雾滴粒径

液体在气体中为不连续的存在状态，有专门的喷雾器械雾化部件，将药液分散成雾滴，喷出的农药雾滴大小不同。

找若干个雾滴，计算出的平均直径，可以成为雾滴粒径，单位为微米。衡量药液雾化程度、比较各类喷头雾化质量的指标就是雾滴粒径，可以在选择喷头的时候作为参考。

雾滴谱指雾滴群的粒径范围及分布，公式如 4-2 所示。

$$均匀度 = \frac{数量中径}{体积中径}。 \qquad (4-2)$$

雾滴分布均匀度为雾滴分布得较为集中或分散的状况，用数量中径与体积中径比值表示。其中数量中径是数量中值直径的简称，是指在一次喷雾中，所有雾粒直径的总和以某一种大小的雾粒为界，比这种雾粒大的或小的直径和各占一半，这一雾粒的直径即为数量中值直径。体积中径是体积中值直径的简称，意指在一次喷雾中，将全部雾滴的体积按照从小到大的顺序累加，当累加值为全部雾滴体积的 50% 时，所对应的雾滴直径。

雾滴太小易飘走，太大容易流失，因此在雾滴分布里，仅一部分粒径合适的雾滴才能发挥生物效果，称为有效雾滴。雾滴谱窄，可以促使生物效果显现，因为喷头雾化得很均匀。

（二）喷雾的方式、类型

根据单位面积所施用的药液量、喷雾方式来划分。喷雾方法根据施药液量可划分为高容量喷雾法、中容量喷雾法、低容量喷雾法、超低容量喷雾法和超超低容量喷雾法等共 5 种。实际上喷施药液量很难划分清楚，低容量以上的几种喷雾法的雾滴较粗或很粗，所以也统称为常量喷雾法。低容量及以下的几种喷雾法的雾滴较细或很细，统称为细雾滴喷雾法。

小容量的喷雾，在单位面积中工效很高，用的药也少，能收获更好的经济效益，全世界在喷药方面都向低容量喷雾法方向发展，但是也是有一定的缺点，如不能使用毒性高的农药，使雾滴的穿透性不好，对稻褐飞虱这种能对密植作物基部产生危害的害虫没有什么效果。

1. 常量喷雾法

药液的雾化是通过机械来进行的，雾滴大小与喷雾机的性能相关，药液通过压力形成高压液流，经过喷头里非常小的喷孔喷射出来后，与静止空气碰撞，就会形成小雾滴。

喷孔径越小，给予药液的压力越大，雾化的程度就越高，雾滴自然也就越小。作物、病虫草害的种类不同，选择的喷头片不同，垫圈数量也不同，所以要了解后再选择。

例如，作物处于苗期，选择喷孔直径小、流量小的喷头，这样雾滴比较细，加上垫圈可以把雾化角再缩小，喷施幼苗的时候，更加集中且有针对性；若作物比较大时，则相反。在中国，经常使用的有 552 型压缩式喷雾器，压力是 300~400 帕，喷头片孔径有 1.3 毫米、1.6 毫米，每亩喷药液量是 50~100 升，采用常量喷雾法。

对小麦、水稻等占地面积较大的农作物田地，以及大面积的果树林等，都要使用常量喷雾法，利用喷杆式喷雾机喷洒化学除草剂，以及喷射式机动喷雾机对其作业时就是采用以上方法。

常量喷雾法有优点，也有缺点。优点是穿透性好、目标性强，农药覆盖性也好，环境对其影响不大；缺点是在单位面积中施撒的药量很大，用水量也大，效率低且污染环境。

2. 低容量喷雾法

低容量喷雾法应选择孔径不大于 0.7 毫米的喷雾器或用高速气流将药液吹散，使雾滴直径为 100~150 微米，并且可以均匀分布，施撒的药液量比常量喷雾法少很多，大约每公顷是 15~150 升。

低容量喷雾法这种防治病虫害的方式，能够起到很好的效果，有效提高生产率。将喷头对准靶标喷，借助风力的作用，使雾滴分散、飘移、穿透、沉积在靶标上，边走边喷并保持匀速，大约是每秒走 1 米，操作上要求比较严格。低容量喷雾法操作需要注意的内容，如图 4-5 所示。

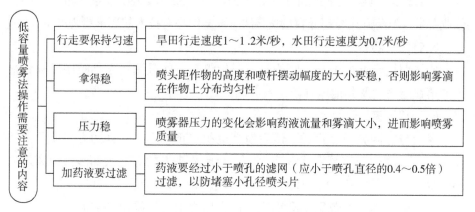

图 4-5 低容量喷雾法操作需要注意的内容

3. 超低容量喷雾法

超低容量喷雾法是每公顷的施药液量小于 5 升，喷出的是很细的雾粒，可以在空中悬浮一段时间，也可以沉积到靶标生物上。

有以下 4 种方法可以雾化：热能分散法、高速气流分散法、旋转离心分散法、高液压分散法。旋转离心分散法雾化出的雾滴可以根据转速的快慢调节其大小，在稳定的转速下，雾滴大小均匀。防治对象不同，雾滴大小也不相同。

防治大田作物上的害虫，可以使用地面超低容量喷雾机喷雾，雾滴范围是 40 ~ 90 微米，用飞机喷雾则需要 80 ~ 120 微米的雾滴。针对蚊子等虫害，雾滴大小应为 10 ~ 30 微米，雾滴会在空中悬浮一段时间，很容易大面积附着在飞虫振动的翅膀上，有效减少残留量。

该喷雾法喷成的雾滴是油质的，附着力强、沉积性好，农药含量也高，更耐温、耐雨，不容易挥发，药效强。但也有一定的缺陷，即它易受风力的大小、风向等因素的影响，毒性过大的农药难以使用，并且在喷洒农药的过程中，如果没有严格按照执行标准，还会导致药效无法发挥，产生药害。

它可以借助风力将雾滴分散在靶标上，根据雾滴密度的分布特征，越接近喷头的地方，农药的密度就越高，药液飘移处有多次累积的沉积，对农药的分布有帮助。雾滴大小以质量中径 70 微米最合适，风速每秒在 0.5 ~ 5 米最适宜，喷雾的时间一早一晚或在夜里最为适宜。

4. 超超低容量喷雾法

顾名思义，就是施液量非常少，每公顷小于 3.5 升，喷出的雾粒非常细小。作业要求、施药方式与超低容量喷雾法一致，但是对技术的要求更为严苛。

5. 针对性喷雾

要按照设定好的方向，喷头对着靶标喷雾，使雾滴精准地喷中靶标，很少能落在空气中及其他地方。

6. 飘移喷雾法

风力将雾滴分散、穿透，然后使其沉积在靶标上，这样的方法就是飘移喷雾法，沉降的顺序是根据雾滴大小，距离喷头近的雾滴大而多，距离远的小而少。雾滴直径是 10 微米的情况下，能飘到很远的地方，可达千米。

喷药时，作业的范围不会很广，每个幅宽中可以降落的雾滴是很多个喷洒雾滴进行堆积，分布较均匀。防治麦蚜、蔬菜上的虫害等，就可以使用飘移喷雾法。

7. 泡沫喷雾法

泡沫喷雾法是指使药液形成泡沫状雾流喷向靶标。喷药前在药里加入起泡剂（这种起泡剂可以强烈地发泡），有专用的特殊喷头可以在吸入空气后，使得药液形成泡沫雾喷出。

扩散的维度比较窄，也不会轻易飘走，对周围的环境和作物产生的影响较小，喷药的时候，喷头要距离作物的头部 30～50 厘米的高度，喷洒的时候要与风的方向一致，风过大（每秒超过 3 米）的时候就不能喷药了。

8. 循环喷雾法

喷雾机的喷洒部件对面加装单个或多个药液回收装置，把没有沉积在靶标植物上的药液回收，返送回药箱中循环使用，这样做不仅可以减少环境污染，还能够节约农药，大约能节约超过 30%。如果杂草比农作物还要高时，就需要准确地对着杂草喷药。

若使用灭生性除草剂，就要选择更合适的喷头及喷施压力，减少雾滴的弹跳、飘移，这样就不会对作物造成损伤。

9. 静电喷雾法

通过高压静电发生装置喷出雾滴，电场力会对带电的雾滴产生作用，使雾滴高速均匀地冲向目标物体。这样雾滴就能喷洒得很精准，雾滴带有相同的电荷，在空中不会相互吸引，就不会集中在一起，所以对于目标物来说，其撒落得很均匀，附着性很强，相应的效果也会增强，农药的施用不会造成浪费，从而保护环境。

这种喷雾方式不易受到天气方面的影响，早晚都可以喷，但是装置特殊，需要直流高压电发电，机器构造复杂，成本高。

二、喷粉法

农药粉剂依靠鼓风机吹散，落在农作物及将要防治的对象上。这种方法非常方便，不用水就能防治病害，效率高，分布得也比较均匀。

喷粉法很适合在干旱的地区使用。在防治过程中，喷粉法的应用曾经非常广泛，但是由于为粉末状，使其难以降落，在空气中悬浮的药物颗粒会对环境造成严重的污染，考虑到这一点，逐渐减少了对其的应用。只有在特定的环境中，应用才会变得广泛，如温室里或在大棚里，以及水稻田等。

（一）粉尘法

粉尘法就是喷粉法里比较特殊的一种方式，可以在大棚、温室等环境中喷洒药粉剂。这些药粉很细，并且有一定的分散度，可以在空中飘浮、飞散等，因为是封闭环境，长时间飘浮、飞散在空中，能在作物之间更好地扩散。

粉尘法的粉粒细度要在 10 微米以下，有很多优点，如不用水、效率高等，除此以外还有一个优点是棚室的温度不会增加，效果非常好，但是在非封闭环境下不能使用。

（二）静电喷粉

顾名思义，静电喷粉就是借助静电力使得粉剂沉淀、堆积，喷头的高压静电可以使农药的粉粒都带上和它有相同极性的电荷，再通过地面给农作物害虫相反异电荷，异性相吸，农药就会和害虫紧紧地吸在一起。吸附力是常规喷粉的 5 ~ 8 倍，但是这种方式对天气的要求较高，空气湿度、风力都会影响到它，晴朗且没有风的天气最合适。

三、烟雾法

将农药分散为烟雾状态的技术就是烟雾法。能分解成烟雾，表明药物被分解成很细小的雾滴或颗粒，大约在 0.0001 ~ 10 微米，但是易受环境影响，有风就很难沉积。

（一）熏烟法

这种方法介于细喷雾法、喷烟法和熏蒸法之间，借助于烟雾片等利烟剂产生烟，对有害生物进行防治，烟是很微小的固体微粒，可以悬浮在空气中，降落得极慢，在气流的作用下，不断地扩散到其他空间。

它有优点，也有缺点。优点是效率高，缺点是会对环境造成污染，但是在大棚里作业，就不会出现这个问题，因此这种方法多被用于大棚中。细小的烟粒在大棚这样封闭的空间中不断飘移，落到蔬菜叶片上、植株的里面，防治害虫的效果好。

在大棚中使用熏烟法，不仅效率很高，而且不会增加室内的湿度。因为燃烧药剂会发生热分解，所以不能用分解温度低的农药来制作烟剂。烟粒会发生热致迁移，应在傍晚或清晨的时候，即温度比较低时燃放，而非白天阳光直射的时候，如果下雨了，任何时候都可以。使用这种方法，需要保证大棚没有损坏，因为一旦出现漏洞，就会导致烟剂流出，药效就减弱了。燃放烟剂的时候，会产生二氧化硫等有毒害的气体，一旦超量，就会产生药害影响植物。

蔬菜一旦遭受药害，会从叶片萎蔫渐渐变得干枯，颜色变褐，并出现不规则的白斑。药害严重的时候，斑块会连接在一起，并枯死。大棚里进行烟熏后，要在 8 ~ 12 小时后通风，将有害气体排出。

（二）烟雾法

烟雾法是指把农药分散成烟雾状态的施药技术的总称。实际上烟和雾是两种物态，但都已分散成为极细的颗粒或雾滴，肉眼已无法辨认出是颗粒还是雾滴。烟和雾的共同特征是粒度细，为 0.0001 ~ 10 微米，在空气扰动或有风的情况下，烟雾很难沉积下来。按照雾化原理，烟雾法分为以下两点（图4-6 所示）。

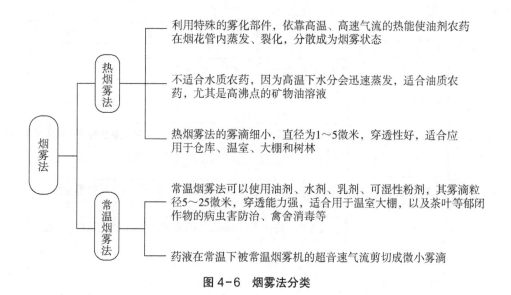

图 4-6 烟雾法分类

四、熏蒸法

使用易气化农药，或者直接使用气态农药在封闭空间防治病虫害。因为是气体，所以在空间中极易扩散，并且有很强的穿透力。害虫呼吸的同时，将药物吸入体内，通过血液循环杀死害虫，从而有效防治病虫害。

在封闭空间，对于隐蔽地方，以及粮食等的缝隙中的有害生物，这种方法非常有效，并且能取得良好的效果。它与熏蒸剂的使用量及类型、温度，以及害虫、杂草相关，如果既想让杀虫效果更好，又节约熏蒸剂，可以将其和二氧化碳混合使用[①]。在采用这个方法的时候，应避免气体泄露。要做好气密性工作，需要科学操作，易燃熏蒸剂必须有防火措施。

（一）土壤熏蒸法

针对土壤中的害虫、土传病原菌，以及杂草等，可以使用气态药剂进行防治，它可以钻入土壤中间，并不断扩散。气态农药分子的扩散运动和穿透能力极强，能通过害虫的呼吸系统进入虫体，随血液循环到达靶标部位，或者被已萌动的病原菌吸收，产生杀虫或杀菌作用。

在耕种的时候，占用的体积非常大，土壤本身也会吸附一部分熏蒸剂，因此在对土壤进行熏蒸的时候，需要的药量也很多，相应的耗资也是巨大的。土壤熏蒸施药措施有以下 3 种，如图 4-7 所示。

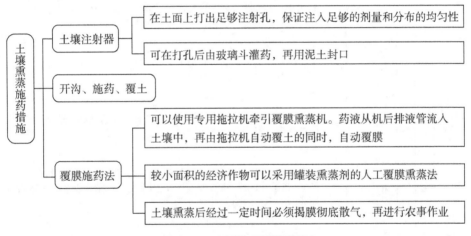

图 4-7 土壤熏蒸施药措施

也可在覆盖、密闭的条件下用于土壤熏蒸，杀死土壤中已萌芽的杂草种子。对于发生在密闭空间，特别是在粮食、干果，以及其他缝隙和隐蔽处的有害生物的防治，熏蒸法是效率最高、效果最好的农药使用方法，也是港口植物检疫中的一项重要手段。熏蒸法的效果同熏蒸剂的种类、药量、熏蒸空间的温度，以及害虫、病原菌和杂草的活动状态有关。熏蒸剂同二氧化碳混用可以提高熏蒸杀虫效果，因此可以降低熏蒸剂用量。采用熏蒸法必须有严

---

① 危朝安.专业化统防统治是现代农业发展的重要选择［J］.中国植保导刊，2010，31（9）：5-8.

密的气体泄漏防范和检测措施，并严格遵循操作规程，易燃熏蒸剂必须有防火措施。

（二）仓库熏蒸

应在密闭空间中，如集装箱、车厢、仓库等，使用仓库熏蒸，因为在这些地方，放置的干果、粮食等很密集，有利于病虫隐藏，仓库熏蒸这种方法就可以将隐藏的病虫消灭，只要在熏蒸完毕后将有毒气体散去即可，可以通过物品堆放方式进行熏蒸，消灭虫害，主要有以下3种方式。

1. 散装仓

散装的粮食堆积得很密集，密度非常大，熏蒸农药时，气体的扩散受到影响，穿透能力减弱，只能通过插管协助，即在粮食中插管，将熏蒸剂从管子通入，气体通过管道直达粮食中，管壁上开放一些小孔，可以向周围不断扩散。这种方式就是在仓库外的时候就提前将熏蒸剂汽化，再进行输送。

2. 堆垛仓

以箱或袋这样的堆放方式进行存放，就没有那么大密度了。有很大的空隙，直接熏蒸就能达到理想效果。

3. 空仓

顾名思义，就是没有物品堆放，在仓库还是空的时候，就提前熏蒸，将潜在的病原菌及害虫消灭。

五、航空施药

这种方式就是通过飞行器或飞机施药，在目标地撒入粉剂、液剂等去除有害生物。对于一片一片的作物、森林、果园等地的病虫害有非常显著的效果。

飞行器或飞机能装载的农药剂型有干悬浮剂、可湿性粉剂、粉剂、乳油、油剂等，但是粉剂在高空非常容易飘移，已经不提倡使用了。航空施药可以解决很多因地势问题而难以作业的地区，如丘陵、水田等[1]。目前，航空施药主要有以下3种运载平台：固定翼式轻型飞机、直升机和小型无人驾驶直升机。运载平台的对比，如表4-1所示：

---

[1] 唐会联. 农作物病虫害专业化防治问答连载四 [J]. 湖南农业，2009，9：22.

表4-1 运载平台的对比

运载平台种类	优点	作业环境
固定翼式轻型飞机	载液量大、喷洒作业效率高	大面积农田病虫害防治作业
	作业飞行速度快	大面积卫生防疫消杀作业
	应对突发灾害能力强	灭蝗作业
直升机和小型无人驾驶直升机	外形尺寸小	障碍物多、地形复杂的作业环境
	操控灵活	大田块内局部的精准施药
	重量轻	中、小田块的病虫害防治

中国的航空施药技术，目前来说还是比较落后的，属于最基础的水平，但是社会在不断发展，我国也在不断学习、引入先进技术，相信未来我国农业航空施药技术的应用将会越来越广泛。

第三节 农药的作用方式

农药的作用方式就是农药抵达目标位置的方式，以及对病原菌、害虫等起生物效果的方式。它的作用方式有非常多的种类，需要对这些方式都掌握清楚，才能合理、科学地使用农药。

因为傍晚的时候，作物的根系和叶片生理吸水力几乎是一天当中最强的时候，所以可以使用有内吸作用的农药。从这点可以看出，对农药本身的了解和使用方式的掌握，有助于防治成效的提升、经济效益的提高，同时也降低环境污染，有非常高的实用价值及理论意义。

一、杀虫剂

杀虫剂只有成功进入害虫体内，并且抵达作用部位，才能发挥杀虫作用，即在害虫的体内靶标部位起作用。

杀虫剂的主要作用方式有触杀、胃毒、熏蒸3种。有机合成杀虫剂，除此3种外，还有内吸杀虫作用。通常一种药有多种作用方式，但植物性及无机杀虫剂，就是一种药对应一种作用方式[1]。

特异性杀虫剂作用方式有不育、引诱、调节生长发育等很多种。

（一）触杀作用

触杀作用就是药物通过害虫表皮进入体内，发挥药性使害虫中毒，进而死亡。目前，有一定触杀作用的杀虫剂就是触杀剂。例如，氨基甲酸醋类、有机磷类等，触杀剂使用过程中需要药剂在农作物叶片和害虫体壁均匀分布。

根据研究数据可知，在农药进行喷雾的过程中，害虫对于粗雾滴的捕获能力劣于细雾滴，并且细雾滴在靶体叶片上的沉积分布比较均匀，因此在触杀剂进行喷雾时，应选择细雾喷洒态。

生物靶标表面的不同结构会影响其与农药雾滴的有效接触，因此喷雾时要采取一定的方式，使药液对靶体表面有很好的黏附性、湿润性。

（二）胃毒作用

胃毒作用就是药剂由害虫口进入体内，再经过消化系统发挥作用，使虫体中毒，进而死亡。咀嚼式害虫才会在胃毒杀虫剂的作用下死亡，如鞘翅目等。

例如，敌百灵就是很常用的胃毒剂，青菜虫吃甘蓝叶，在甘蓝叶上喷药水，害虫吃后就会直接中毒死亡。农药是在害虫吃食农作物的时候，随农作物一同进入害虫的消化道，害虫口非常小，农药如果颗粒很大就难以让害虫咬碎，从而难以进入消化道，如果在植物体上附着的农药不黏，也难以通过害虫咀嚼进入其消化道。

可以看出，胃毒农药的作用，跟农药在植物体上的粘附性息息相关，想要取得理想的效果，就要在施药技术上有所考虑，在施药的时候让药品能很好地附着在作物上，确保沉积密度、沉积量高，这样害虫仅少量食用就能中毒，作物也几乎不会受到大的侵害。

（三）熏蒸作用

熏蒸作用是使害虫吸入毒气，毒气由呼吸系统进入体内，引起害虫中毒，使其死亡。

---

[1] 熊勇军.大力推进农作物病虫害专业化防治［J］.作物研究，2009，23（专辑）：70-72.

杀虫剂一般是气体形式或是气化性非常强的药剂，气体的药剂有溴甲烷等，因此熏蒸消毒施药技术要求有以下2点，如图4-8所示。

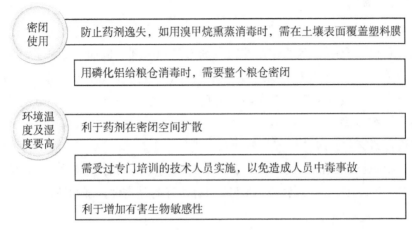

图4-8　熏蒸消毒施药技术要求

（四）内吸杀虫作用

内吸杀虫作用就是植物吸收药剂，并在体内传送，到达其他部分，发挥药效。内吸杀虫剂，如克百威、乐果等都有非常强的杀虫能力，针对刺吸式口器的害虫，如介壳虫、蚜虫等有很好的防治效果。

内吸杀虫作用通过茎秆吸收、叶部吸收、根部吸收等途径发挥作用，因此施药方式有很多种：茎秆吸收可以使用茎秆包扎、涂茎等方式；根部吸收可以通过土壤药剂的处理、灌根等方式；叶部吸收就是通过叶片施药的方式。

二、杀菌剂

杀菌剂主要有治疗作用、保护作用。其中，非内吸性杀菌剂一般是保护作用；内吸性杀菌剂大部分是治疗作用。

（一）保护作用

保护作用就是预防，在病原菌还没有侵入植物之前，就将杀虫剂提前施用在植物上，植物上有了药剂，病原物就难以侵入了。

由于是提前喷施在植物上，所以要求药物能在植物上长久地停留，黏着力要强。防治病害的施药途径主要有 2 种：一种是在病害的侵染源施药，对发病中心进行处理；另一种就是在病原菌还没有侵入的时候，就在植物表面施用药物，病原菌就不会侵染了，如使用代森锰锌等[①]。

侵染初期或侵染前施用的药剂基本都应具有保护作用，且沉积分布要均匀。大容量喷雾，主要用于大棚或温室；低容量喷雾等施药方式要根据杀菌剂剂型、气象条件等多方面因素进行选用，如经常使用的保护性杀菌剂有 5%百菌清粉剂等。

（二）治疗作用

治疗作用就是发生病害后进行治疗，即病原菌侵染植物，使其发病后，对其使用杀菌剂，从而抑制病原菌生长，使得植物能够健康成长，不受病害的侵染。根据作用的部位不同，可以将治疗作用分为 3 类（图 4-9）。

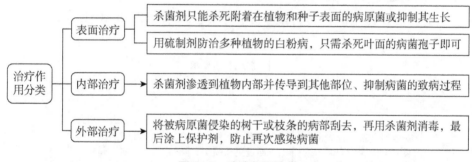

图 4-9　治疗作用分类

使用内吸治疗作用杀菌剂的时候可以采取处理种子、叶面喷雾等方式，不仅具有治疗作用，还具有保护作用，因为治疗的时候需要病原菌与杀菌剂能紧密接触，所以在喷雾时要使沉积分布均匀，并且沉积的密度要高。

三、除草剂

（一）触杀除草作用

触杀除草作用的方式就是杀死杂草接触除草剂的部位。它只作用于地上部分，地下部分无法发挥作用，因此触杀除草剂对于长年盘踞在地下的根、

---

① 熊勇军.大力推进农作物病虫害专业化防治［J］.作物研究，2009，23（专辑）：70-72.

茎没有办法，但是可以将种子萌芽时地上的杂草清除，最常见的就是百草枯，可以说基本所有的绿植一旦接触了都会干枯。

涂抹法、喷雾法等施药技术都可以用来施用触杀除草剂，但只有杂草接触了除草剂，才能取得良好效果，因此施药过程一定要注意药物喷洒的均匀性。

（二）内吸输导除草作用

药剂被植物的茎、叶、根吸收，进入植物体内后扩散，进而杀死植物。例如，最常见的内吸除草剂就是芳去津，可以将土壤封闭后处理，也可以茎叶喷雾。

还有草甘麟，可以向顶性，也可以向基性，进行双向输导，有很强的内吸作用，作用于植物，并且将地上、地下的都杀死。它只可以作用于茎叶，因为一旦接触土壤，就会迅速失效。

对于以上两种作用，施药技术要求有以下 3 点，如图 4-10 所示。

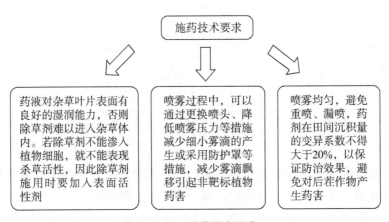

图 4-10　施药技术要求

第四节　农药剂型与施药技术

农药的原药很多不能直接使用，必须要经过加工，成为不同的剂型。农药这种化学药物比较特殊，研究农药剂型也有很多的方式，有将原农药进行加工，然后使用，还有用来满足不同施药技术对农药分散体系的要求。

农药剂型和施药技术相互依存、相互促进，有着紧密的联系，只有提高对施药技术的要求，才能促进农药剂型的研发，而农药剂型的研究也推动着施药技术的进步。农药剂型是基础，有了这项基础，施药技术的实现就有更多的可能。

一、直接施用农药剂型

可以直接施用的农药剂型有颗粒剂、粉剂等，只需要使用特定的施用方式及机械，就可以直接施用了，不用额外的加工和处理。

（一）粉剂

粉剂的一种施用方式就是喷粉，通过气流将药剂吹散到空中，药剂被吹散为粉粒落到防治目标上，从而有效防治病害。喷施粉剂需要专用的喷粉工具，然后借助风力吹散粉剂，以免粉粒絮结。

因为喷粉法喷施的粉粒在空气中有很强的扩散功能，所以施药人员必须要穿戴防护服、口罩，尽量不要在大风环境作业，在大棚中施药比较合适。

还有一种方法就是拌种法，处理种子时用干燥的药粉在其表面形成黏附，要均匀一些，保护种子。使用专用拌种机，并在一定速度下拌种，就能使其均匀黏附[①]。

在处理土壤的时候，可以采用沟施、撒施。沟施是以安全为先，需要全面考虑药剂、作物、种子；撒施就是把药粉用干细粉稀释，在耕耘土壤时将药剂撒入，混合均匀。

粉剂一般不被水润湿，在水中很难分散和悬浮，不能加水作喷雾施用。

（二）颗粒剂

施用颗粒剂，如图 4-11 所示。

---

① 吴觉辉，苏彪，曹志平，等.加强农业生物灾害控防的几点思考［J］.安徽农学通报，2010，16（5）：2.

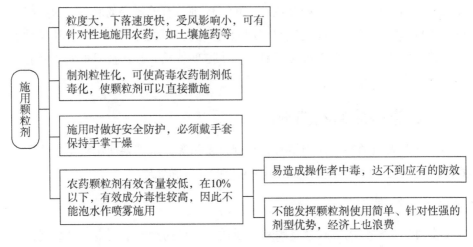

图 4-11 施用颗粒剂

（三）超低容量喷雾剂

要使用特定的喷雾设备进行超低容量喷雾剂的使用，农药的有效含量要高，使施用方法有静电喷雾、地面超低容量喷雾等。

超低容量喷雾剂中加入抑蒸剂或高沸点溶剂，可以有效防治细小的雾滴挥发，并使用专业的施药机去雾化，获得均匀且细小的雾滴，静电油剂中要包含静电剂，在施用的时候也要使用静电喷雾机。

这类喷雾剂里面都有很多油质溶剂，并且沸点都比较高，不可以当常量喷雾去使用，内含极为少量的活性剂成分，不可以兑水进行喷雾，以防发生药害。

二、稀释后施用的农药剂型

顾名思义，这类农药药剂都要兑水以后才可以施用，如悬浮剂、水乳剂等。它们的相似之处是无论兑水前的形态如何，使用的时候都需要用水稀释，配制成可以使用的液体，再使用喷雾法喷施。

基本上农药原药都可以加工为喷雾剂型，适合不同容量的喷雾方式，除此以外，这些药剂很多都含有乳化剂、润湿剂，在水中可以很好地悬浮和分散，施用药体后可以黏附在靶体上。药液雾化形成的雾滴的粗细度不同，若想都应用于防治目标上，喷雾方式和器具很重要。

（一）乳油

乳油需要乳化，受到的限制条件及影响因素比较多，如水的温度、硬度等，在大量使用之前，可以先进行小量的适配，乳化合格以后再进行大量配制。

乳化的过程属于热力学不稳定体系，其稳定性会随着时间的变化而变化，农药的有效成分很容易水解，配制药液需要搅拌，配好以后不宜长时间放置。若使用机动喷雾机喷雾，其药液箱也要加装药液搅拌的装置。

若使用乳油中挥发性比较强的芳烃类有机溶剂，运送过程中要密封，没有用完的也要密封保存，避免挥发，否则配方均衡性就会受到影响，而难以使用。乳油加水稀释为不同的浓度来喷施，用以不同容量的喷雾方式，不能直接喷施。

（二）可湿性粉剂

若要将可湿性粉剂制成喷雾，就需要兑水配制成悬浮液。因为其粒子比较粗，药粒很快就会沉淀，所以在施用的时候需要不断搅动，否则喷施的药液浓度会不均匀，不同时间段喷施的药液浓度都不相同，这将影响药效。

如果可湿性粉剂碰到高硬度的水，就会出现团聚现象，配制药液需要考虑水质对可湿性粉剂悬浮性能的影响。可湿性粉剂本身是固态的，配制成的喷雾黏性比较大，且有效性降低，只能作为常量喷雾。可湿性粉剂与干粉剂外观类似，但是分散性的差距很大，其中可湿性粉剂要差很多，需要添加更多的助剂、具有更高的有效含量。

可溶性粉剂在可湿性粉剂的基础上发展而来，农药原药溶于水，二者呈现的形态相似。

（三）悬浮剂

悬浮剂也需加水稀释，使其变为分散均匀且悬浮的乳状液，作为喷雾进行使用。但是与可湿性粉剂不同，它是以水为分散相，兑水的比例任意，不会受到太多水温、水质的影响，对环境没有污染，使用方便。

它在运输中也很容易沉淀，因此在使用的时候要先观察一下，如果药粒沉淀要及时摇匀再进行喷雾。

（四）水剂

农药药液能很快溶于水，非常稳定，但是中国水剂在加工的时候不会添加润湿助剂，所以其喷洒在防治目标上湿润性差，药液易流失，从而对环境造成污染，因此水剂使用的过程中要加入适量的润湿助剂。

（五）水乳剂和微乳剂

水乳剂加水稀释形成 1~5 微米的油珠，在水中分散均匀，形成的乳状液比较稳定，可以施用于不同喷雾方法[①]。

微乳剂就比较不稳定了，一旦超出温度范围，制剂就会发生相变，破坏其稳定性，变得难以使用。在加水稀释施用时，其与水剂类似，入水自发分散并形成近乎透明的乳状液。由于微乳剂使用了大量辅助剂、乳化剂，在水中分散的液珠又很细微，使微乳剂在使用中表现出了很高的药剂效力。

（六）水分散粒剂

水分散粒剂在水中可以快速地分解，形成高悬浮农药分散体系，进行喷雾。它不会在空中成为粉尘，在运输的过程中不用担心理化性状不稳定。

三、特殊用法农药剂型

特殊用法的农药剂型，如图 4-12 所示。

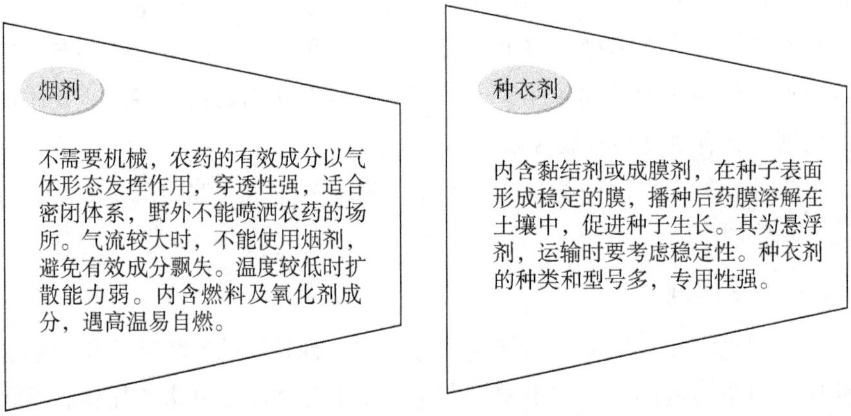

烟剂

不需要机械，农药的有效成分以气体形态发挥作用，穿透性强，适合密闭体系，野外不能喷洒农药的场所。气流较大时，不能使用烟剂，避免有效成分飘失。温度较低时扩散能力弱。内含燃料及氧化剂成分，遇高温易自燃。

种衣剂

内含黏结剂或成膜剂，在种子表面形成稳定的膜，播种后药膜溶解在土壤中，促进种子生长。其为悬浮剂，运输时要考虑稳定性。种衣剂的种类和型号多，专用性强。

图 4-12　特殊用法的农药剂型

需要注意的是，种衣剂专门为种子包衣配制，可在种子公司使用专业种子包衣机械处理种子。这样处理后种子包衣很均匀、牢固，可以在规定的时

---

① 钱建，程枫叶，陈伟.南通市农作物病虫专业化统防统治实践与发展对策［J］.上海农业科技，2010（2）：13-15.

间及条件下使用。

第五节　安全合理的施药技术

施药技术有高有低，除了与农药的剂型、品种有很大的关系之外，与病虫生态习性、发生的变化规律也有关系，这取决于人们对其的认知，是一门综合性技术。

施药器械、制造水准、品种、农业生产管理水平的发展、环境等都影响着施药技术的高低。

安全合理的施药技术，即科学使用农药，是化学防治技术中的重中之重。随着农药、施药器械、植物保护技术的发展，人们对其的重视程度也越来越高。全球农药喷洒技术、农药都在不断地更新进步，变得越来越精细，浓度高并且向靶性发展。针对农药施药技术，很多学者都提出了新的概念及理论，如静电喷雾、对靶喷雾等。施药技术的发展方向就是以使用最少的农药剂量，均匀地喷洒于靶标，尽量减少向非靶区的流失与飘移为原则，经济、科学地用药可以达到良好的效果。

一、安全合理施药

合理安全施药需要遵循的原则，如图4-13所示。

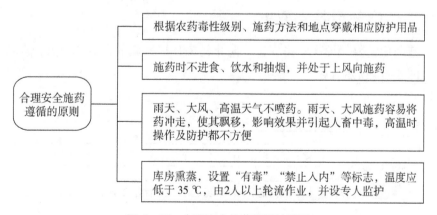

图4-13　合理安全施药遵循的原则

（一）合理施药要求

除了上述原则外，还有以下内容要求需要注意。

① 施用农药的毒性很高时，要有 2 名以上的操作员，并且每天工作时长要小于 6 小时，不能连续工作 3 天以上。

② 在施药期间，禁止工作人员以外的人、家畜靠近，施过药的地区需要设置警示牌。

③ 田间不得随意放置施药器械、农药等，临时放置时需要有人看管。

④ 飞机施药时，要在施药区边缘设立警示牌，盛药容器需要密封，并在专业人员指导下使用机械。

（二）操作人员应遵守准则

操作人员应严格遵守施药准则，确保安全。

① 操作人员一旦出现恶心、干呕、头晕等症状，应及时远离施药场所，并及时就医。

② 喷头堵塞，可以使用针头、牙签等疏通，严禁用嘴吹。

③ 告知需要进入施药场地的人，必须在 24 小时后方可进入。

④ 操作人员要尽量减少噪声危害，尤其是在室内。施药期间操作人员应轮换休息，以保护听力。

只有严格遵照以上准则，才能使病虫害的防治达到理想效果，保证人类、环境的安全。

二、施药后基本要求

施药后，要保证人、畜安全，防止污染环境，就要做到以下几点基本要求（图 4-14 所示）。

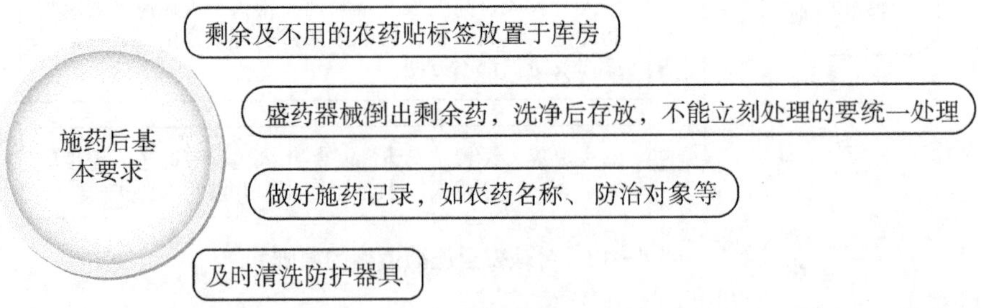

施药后基本要求

- 剩余及不用的农药贴标签放置于库房
- 盛药器械倒出剩余药，洗净后存放，不能立刻处理的要统一处理
- 做好施药记录，如农药名称、防治对象等
- 及时清洗防护器具

图 4-14 施药后基本要求

施药后的田块也要注意管理，无论是土地、作物，还是杂草上都有很多农药，施药后一周左右不能进入施药区域，以免中毒。因此，施药后的区域要设立显眼的警示牌，禁止人、农户的牲畜进入，并及时巡视，避免药液对水源造成污染，大约3天可以放田水。除草剂施用之后的一周左右也不要放水。

三、合理混用及轮换农药

通过人类的实践可以得出，无论是人，还是动物，在长期服用一种药物后，会对这种药产生抗药性，到最后难以通过此药痊愈。

单一使用一种农药防治病虫害，其产生抗药性后，这种农药就不起作用了，应轮换使用，避免农药的性质相似，就可以产生效果并延迟抗药性的产生。例如，可以交替使用万灵和敌杀死。

近些年，抗药性经常产生，害虫的种类也在不断增加，要科学合理地混合配用，提升防治效果，可以治疗很多病虫害，延迟抗药性的产生[1]。

在操作中要注意，混合配用的时候要严格、科学地试验，成功后才可以推广。科学、合理地使用农药，要坚持做到以下3点。

1. 定准防治对象田

将防治指标和"两查两定"相结合，最终定准防治对象田。

2. 定准施药时间

要定准施药时间，选择病虫及其发生量对农药最为敏感的时间，及时施药。

3. 定准用药量及农药品种

选择农药品种要有效，选择好的才能达到理想效果。科学混用、轮换和合理的施药方案，可以使防治病害的效果好，更安全、经济。

第六节　农药废弃物的安全处理

农药废弃物是很常见的，无论是在使用、售卖中，还是在运输的过程中，都会产生废弃物，其来源也是多方面的。

---

[1]　杨怀文.我国农业病虫害生物防治应用研究进展［J］.科技导报，2007，25（7）：56–60.

一定要加强对农药废弃物的管理与控制，其如同垃圾一样，不及时处理，就会损害人类健康、污染环境，因此安全处理农药废弃物很关键，具有重要意义。

一、农药废弃物的来源

农药废弃物的来源包括很多方面，主要有以下几点[①]：

① 在非施药场地泄漏的农药，以及处理这些泄漏农药的设备材料；

② 受环境及储存时长的影响，失效、变质的农药；

③ 施药完成后剩余的农药；

④ 盛农药的桶、罐等包装物；

⑤ 农药污染物和清洗处理物。

针对以上农药废弃物，要安全、科学、合理地进行处理与防护，从而保护人类、牲畜、环境。

二、农药废弃物的处理原则

农药废弃物的处理原则包括很多方面，主要有以下几点[②]：

① 把握农药废弃物的放置时间，不可放置的时间过长，应及时处理；

② 遵守管理法规，以及相关法律、规章等；

③ 严格遵照农药专家及管理者的意见，科学、合理地处理；

④ 穿戴合适的防护服进行处理；

⑤ 处理农药废弃物时，应避开作物和其他植物、水源等地，保护人、畜、环境；

⑥ 选择性的销毁、堆放农药。

三、农药废弃物处理的安全性

农药废弃物在处理的时候，安全性是首要考虑的问题，因此必须采取有效措施。

---

① 唐媛.农作物病虫害防治要点［J］.吉林农业，2017（4）：77.

② 杨怀文.我国农业病虫害生物防治应用研究进展［J］.科技导报，2007，25（7）：56-60.

（一）失效、变质的农药

销毁被国家认定的农药质量检测技术部门确认失效、变质、淘汰的农药。安全处理失效、变质农药的措施，如图 4–15 所示。

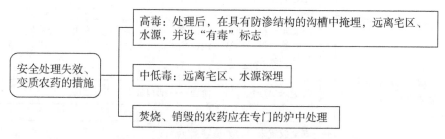

图 4-15　安全处理失效、变质农药的措施

（二）及时处理发生泄漏的农药

如果农药在非施药场所发生泄漏，就要及时处理，以免造成危害。安全处理泄漏农药的措施，如图 4–16 所示。

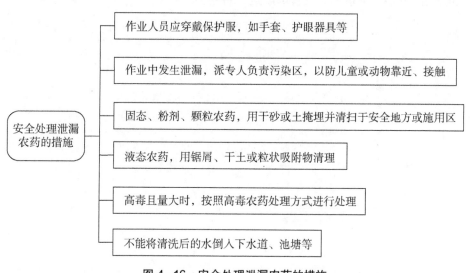

图 4-16　安全处理泄漏农药的措施

（三）合理处理农药废弃包装物

农药的废弃包装物，要科学、妥善地处理，不能另作他用，也不能随意丢弃。合理处理农药废弃包装物的措施，如图 4-17 所示。

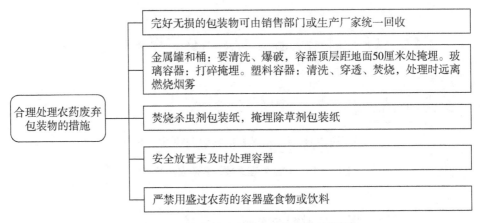

图 4-17　合理处理农药废弃包装物的措施

废弃农药处理场所、农药包装的方法，应一并经过与环保、劳动等相关部门的同意，且上报上级主管部门进行备案。

第五章

植物保护机械使用与维修

在化学防治的领域内，除了农药及防治技术外，植物保护机械（简称"植保机械"）也是非常重要的顶梁柱。在中国较为落后的时期，植保机械没有得到良好的发展，甚至是毫无发展①。这使我国的粮食由病虫害侵蚀造成严重减产，多达上亿千克。

新中国成立以来，在党和政府的大力支持下，我国的植保机械领域得到了良好的发展。化学农药喷洒机械得到较快发展，在这个时间段，我国的植保机械变化很大，进步很多。植保机械变化阶段，如图5-1所示。

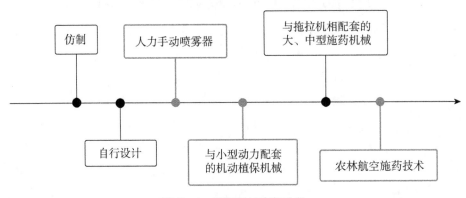

图 5-1　植保机械变化阶段

随着农业高速发展，高效农药的广泛应用、人们对生存环境要求的提高，无论是对农药的实施技术，还是在农药器械方面都有着更高的要求，未来的挑战会越来越大。

现在社会更关注农药对非靶标生物、环境的影响，农药的施药器械和使用技术有两个需要研究的问题：一个是怎样提升农药有效利用率及使用率；另一个是怎样减少，或者能直接避免农药污染环境和对非靶标生物的影响。

最近几年，农药在生产过程中都应用先进的技术、措施，随着农药科学方面的研究更加深入、广泛，复种指数提升，耕作制度变化、越冬作物增多、间作面积增大、高产品种推广、农药的施用量增大。

农业生产不断高产的同时，给病虫害也提供了很多创造性优势，繁衍规律也随之改变，导致其对农作物的威胁也不断增大。因此，对使用消灭病虫害的机械与及时性等方面的要求也越加苛刻，由此证明植保机械的使用和发

---

① 唐媛.农作物病虫害防治要点［J］.吉林农业，2017（4）：77.

展在农业科技及农业生产中占据非常重要的地位，其研究也任重道远。

植保机械支撑着现代农业生产的发展，现代农业生产也离不开植保机械。植保机械能为粮食、棉花的高产提供有力保证，也是保护果树、经济作物，以及卫生防疫等不可缺少的工具，是农业发展中重要的一部分，可以有效促进中国农业现代化的不断发展。

第一节　植保机械的分类

植保机械的种类多种多样，主要是由作物种类及农药剂型种类多、施药方式不同造成。例如，有小型喷雾机，也有大型的；有地面的，有航空的。其中，小型的可以手持，大型的可以自走，也可以由拖拉机牵引。这些喷洒装置，有很多种类。

植保机械的早期通常是按喷施农药的剂型种类、用途，配套动力，携带、运载方式、操作，施液量，雾化方式等进行分类。

一、按喷施农药剂型种类、用途分类

分为喷粉机、喷雾机、撒粒剂、土壤消毒机、拌种机等。

二、按配套动力分类

分为蓄力植保机械、人力植保机械、大小型植保机械、航空喷洒装置等。

三、按携带、运载方式、操作分类

人力植保机械分为肩挂式、手持式、踏板式、背负式等；大型动力植保机械有自走式、牵引式等；小型动力植保机械分为手提式、担架式等。

也可以根据对药液的加压方式及机械的结构特征对喷雾器进行分类，分为压缩喷雾器和单管喷雾器。压缩喷雾器是喷药前进行单次加压，喷药过程中药液压力逐渐减小；单管喷雾器可以根据名字来理解，是一根细管。

20 世纪 70 年代后，随着农药剂型的更新及喷洒技术的提升，全世界涌现出很多全新的施药理论、喷洒技术。实验表明，影响农药的有效率、在靶区的分布的因素有很多，如雾滴直径尺寸分布、雾滴直径大小、药液在靶区的沉积分布，因此又有了很多分类方式。

四、按施液量分类

可以分为低量喷雾、常量喷雾、微量喷雾等，但施液量的划分尚无统一的标准。

五、按雾化方式分类

按雾化方式分类的喷雾机，如表5-1所示。

表5-1　按雾化方式分类的喷雾机

气力喷雾机	利用风机产生高速气流雾化，雾滴尺寸大约为100微米
控滴喷雾机	喷雾雾滴能根据防治要求，改变雾滴大小变化
离心喷雾机	利用高速旋转的转盘产生离心力，将药液雾化成雾滴
手持式离心喷雾机	喷量小、雾滴细，多用于施液量少的作业
常温烟雾机	利用高压气泵产生压缩空气进行雾化，药液出口处气流速度很快，形成与烟雾尺寸差不多的雾滴
风送喷雾机	用液泵将药液雾化成雾滴，通过风机产生大容量气流送雾滴到靶标上，改善雾滴在枝叶中的穿透力

植保机械的分类非常多，可能一种机械的名称是很多分类的综合。

第二节　国内外植保机械的发展历程

一、中国植保机械的发展现状

在农业生产中，防治农作物病虫害是非常重要的一部分，农药制剂、作业机械、施药技术对病虫害的防治效果和农药利用率起非常重要的作用。

当前，中国农药生产技术居世界前列，但是施药技术和机械却很落后，导致在防治病虫害的整个过程中农药的使用效率很低，并且难以达到理想效果，还会导致农产品里有农药残留、作物药害等问题[1]。相比国外，我国植保

---

① 司传权.农作物病虫害专业化统防统治研究与推广［J］.农业与技术，2016，36（17）：99-100.

机械的发展存在一系列问题，可以借鉴国外成功经验，从而保证操作人员安全、提升农产品质量，并保护环境。

新中国成立以来，中国植保机械相较于以前有了很大的进步，且在快速地发展，为防治农作物病虫害，保证水果和粮食优产、高产做出贡献。虽然有很大进步，但是相比于其他国家，整体水平还是比较落后，难以满足当下保护环境和农业生产的要求，具体体现在以下几个方面。

（一）专业化程度低

无论是系列化，还是专业化，早在 20 世纪 40 年代的国外就已经发展起来了，种植苹果等水果的果园有专业的喷雾机，大田也有专业喷雾机。中国专业化程度低的表现，如图 5-2 所示。

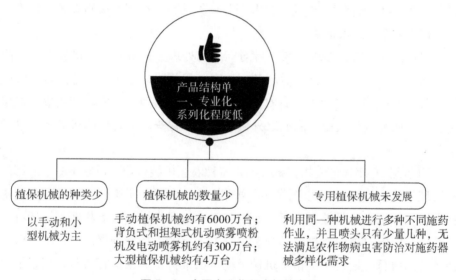

图 5-2　中国专业化程度低的表现

（二）产品技术水平低

中国在高新技术方面应用得很少，在很多发达国家应用仪器、现代微电子技术等高新技术比较多，且向着光机电一体化方向迅速发展，这样在病虫害防治作业中都能达到高效率、高质量，操作者也很安全[①]。

---

① 司传权.农作物病虫害专业化统防统治研究与推广［J］.农业与技术，2016，36（17）：99-100.

中国高新技术应用少的表现，如图 5-3 所示。

图 5-3　中国高新技术应用少的表现

（三）行业技术标准不健全

由行业技术标准不健全造成食用监控的体系和产品产量都不完善。发达国家早在 20 世纪就已经制定了产品质量监控体系、植保机械行业技术标准，因此相比于发达国家很落后。

制定标准，有很多的约束、针对问题的处理方式等，如产品安全质量问题、植保机械企业、销售售后服务、政府对相关法律法规的实施进行监管的规定等。有一些法律为了提高农作物病虫害的防治效果、农药利用率，对植保机械的研究进行规范。除此之外，还会定期检查，不合格的机械不能进行作业。

20 世纪 70 年代，将植保机械纳入特种农业机械行业，设立了专业的部门和管理机构。但是，相比于国外的通行标准，中国关于植保机械的部分关键技术的质量指标还是差强人意，难以与现在植保机械的发展相匹配。还有一点就是，中国对植保机械产品缺乏监管力，导致市场管理混乱，市场上假冒伪劣产品横行，使得中国植保机械市场难以维持正常的运行流程，损害了农民们的人身安全及相关利益。

（四）施药技术落后

施药技术落后，即施药的机械不能完美地与农药有机结合。农药制剂、施药方式、毒理学等很多方面都决定了农药的使用是否科学，施药技术和机械发展水平也决定了防治水平能否提高，只有机械施药的技术先进、水平高，才能减少农作物中农药的沉积率，并且提高农药的使用效率，减少不必要的浪费、对操作人员的伤害和对环境的污染。

目前，中国还在采用大容量淋雨式喷雾农药，这种方式非常陈旧、落后，不仅使药物落到靶标物上不均匀，还使得药剂难以发挥药效，这势必造成环境污染和药物浪费。

在中国，研发药物人员与施药人员缺乏沟通与合作，二者不能有机结合，这样我国施药技术落后就不难理解了。

（五）机械施药技术规范匮乏

针对废弃农药和使用后的农药容器，在发达国家都有非常明确且详细的规定；而中国没有完整且明确的技术规范，农民在没有专业施药方式规定及指导的情况下，就难以规范地操作。其仅能根据农药说明书、操作方式，以及提到的农田面积的药液含量进行配比及作业，更有甚者仅凭经验进行作业。而当下施药技术的要求非常明确，需要考虑农作物各个生长阶段、病虫害种群密度等相关因素后，再选择施药机械，以及喷雾的方式、农药剂型。但是在中国，这些都是不明确的，所以造成的后果就是农药的利用率非常低，防治功效也不好，最终导致防治效果差。

当前，我国农产品里残留的农药量是发达国家数倍，且利用率低（不到30%），流失量接近70%。

二、国外植保机械的发展现状

国外植保机械的发展相较于中国先进得多，并且不同的国家也有不同的特点和各自的发展状况。发达国家中，如法国、美国、日本、意大利等的植保机械发展得很好。其中，日本主要发展的是担架式植保机械和小型动力配套的背负式植保机械。

在国土面积较大的国家，如美国、俄罗斯等，多采用自走式机动喷粉喷雾弥雾机、牵引式大型植保机械等。随着这些年的不断发展，国外这些发达及较发达国家的植保机械都在逐步地向多用、大型、高机械化、高生产率等方向发展。

（一）航空植保与大型植保机械为主

农业发达的国家已经转变为大型农场专业化生产的方式，大田农作物病虫害防治、使用化学除草剂，采用大型悬挂式喷雾机，其药箱容量在400~3000升不等，喷幅最大能达到34米，速度最高每小时10千米。

美国农用飞机已经超过6000架，且专门用于水稻、棉花等。针对果园作物，使用的是高架喷雾机、风送式喷雾机进行喷洒，全面防治农作物病虫害。

（二）植保机械技术先进，配套齐全

发达国家的高工业化水平，使植保机械技术得到了很大的发展。大型喷雾机上，使用液压机构控制喷杆的工作状态，确保其稳定和平衡，使用电脑和电子技术对作业面积、速度、喷雾压力、施药量等进行自动调整，改善机手的劳动条件，提高作业的准确性。

无论是喷头，还是液泵，针对每种工作都有完整的系列产品，如喷头有上百种规格和几十个系列，满足了药剂和各种作物不同的喷雾要求，喷洒质量就会提高。

各类大型植保机械是液电机一体化的系统，制作精良、设计完善，工作起来很方便，安全系数也很高。

（三）保护生态环境，安全施药

现代植保机械先进的象征是减少农药的流失和在操作过程中操作人员不被农药侵害，生态环境不会因为农药的流失而被污染。现代植保机械先进性表现，如图5-4所示。

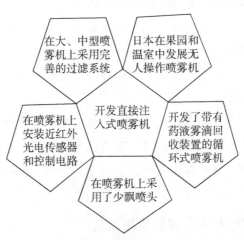

图5-4 现代植保机械先进性表现

①直接注入式喷雾机需要预设比例，然后农药原液与水将按照这个比例自行混合，在机器上有一个药箱和一个水箱，通过各自的管道到喷雾管道混合，再到喷头喷出。这样直接注入式的喷雾机非常方便，且减少了农药和人

体接触这一环节，不用担心由清洗药液箱对环境造成的污染。

② 将水加入药液箱，再从喷头将药液喷出，过滤 4 次，可以使用自洁式过滤器，喷雾系统的堵塞和清理问题就迎刃而解了。

③ 利用无人机操作喷雾器，给果园、温室喷洒农药，这在日本已经开始使用了。

④ 在喷雾机上采用少飘喷头，雾流中的小雾滴少，可以使飘移污染减少 33% ~ 60%，并将防风屏装到喷雾机的喷杆上，对比常规喷杆，雾滴飘移也能减少 65% ~ 81%。

⑤ 没有附着在作物叶丛的雾滴会进入回收装置，被吸收的就会横向穿过作物叶丛，而回收装置里的药液经过过滤，重新进入药液箱再次利用，减少浪费，提高利用率及有效性，也不会污染环境。

⑥ 部分是将除草剂涂抹在杂草叶片上，使用叶片涂抹机械。有一种是给树木注入内吸性农药，使农药到达木质部位，使用的工具是注射机械，农药通过传导作用分散于树木整体，也不会污染周围环境。

⑦ 将控制电路和红外光电传感器安装到喷雾机上，利用近红外光的反射辨别行间杂草，通过控制电路，控制喷洒系统，可以使喷雾更具针对性，只喷有杂草的区域，农药就不会轻易进入空间，可以有效节约农药。

这些新技术，使得农药的使用更安全，减少污染，保护环境。

第三节　常用植保机械简介与选购

当前，中国植保机械的种类相对来说较为单一，前文介绍的国外机械都是大型、自动的，但是中国都是小型机械和手动的。

有农业部门的数据显示，中国背负式、担架式的喷雾喷粉机，以及电动喷雾机有 300 万台左右；手动植保机械比较多，有 6000 万台左右，而大型的植保机械仅有 4 万台左右。

一、手动喷雾器

手动喷雾器是中国农村最常用的施药机械，以手动方式产生压力，使药液通过压力喷头喷出，与外界空气撞击，分散为雾滴的喷雾器械。这种器械的结构简单、价格低廉、使用操作方便、适应性广。

（一）手动喷雾器的主要类型

目前，中国手动喷雾器类型，如图5-5所示。

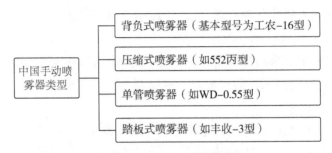

图5-5　中国手动喷雾器类型

1.背负式喷雾器

中国背负式喷雾器的型号非常多，大约有十几种，无论是基本结构，还是外观形状都基本相同，全是从工农-16型开始发展的。工农-16型喷雾器示意，如图5-6所示。

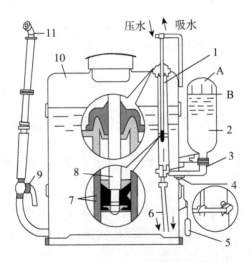

图5-6　工农-16型喷雾器示意

工农-16型喷雾器部件名称，如表5-2所示。

表 5-2　工农 -16 型喷雾器部件名称

1—泵桶	2—空气室	3—出水阀	4—进水阀
5—摇杆	6—吸水管	7—皮碗	8—塞杆
9—开关	10—药液桶	11—喷头 A—压缩空气	11—喷头 B—安全水位线

工农 -16 型喷雾器主要包括两个部分，即工作部件、辅助部件（图 5-7）。

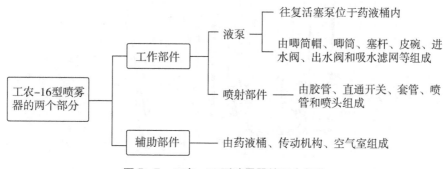

图 5-7　工农 -16 型喷雾器的两个部分

（1）工作过程

将喷雾器背在背上，右手握住手柄套管，左手摇动摇杆，打开开关后，进行喷雾作业。

（2）工作原理

当摇动摇杆时，摇杆带动塞杆和皮碗，在唧筒内做上下运动，当塞杆和皮碗上行时，出水阀关闭，唧筒内、皮碗下方的容积增大，形成真空，药液桶内的药液在大气压力的作用下，经吸水滤网，冲开进水球阀，涌入唧筒中。

当摇杆带动塞杆和皮碗下行时，进水阀被关闭，唧筒内、皮碗下方容积减少，压力增大，所储存的药液冲开出水球阀，进入空气室。由于塞杆带动皮碗不断上下运动，使空气室内的药液不断增加，空气室内空气被压缩，从而产生了一定的压力，若这时打开截止阀，空气室内的药液在压力作用下，通过出水接头，压向胶管，流入喷管、喷头体的涡流室，经喷孔呈雾状喷出。

2. 压缩式喷雾器

552 丙型背负压缩式喷雾器在生活中非常常见且应用广泛，其示意如图 5-8 所示。

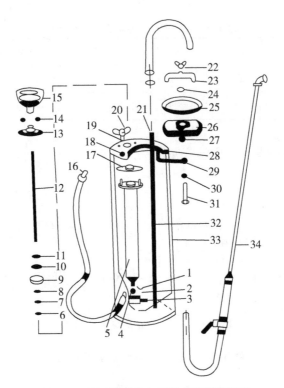

图 5-8　552 丙型背负压缩式喷雾器示意

552 丙型背负压缩式喷雾器部件名称，如表 5-3 所示。

表 5-3　552 丙型背负压缩式喷雾器部件名称

1—阀销	2—钢球	3—出水阀体	4, 27, 30—垫圈	5—泵桶	6, 11, 24—方螺母丝圈	7—弹簧垫圈	8—小垫圈
9—皮碗	10—大垫圈	12—塞杆	13—压盖	14—螺母	15—手柄	16—背带	17—垫片
18—放气螺	19—放气螺丝皮垫	20—放气螺母	21—出水管接头	22—拉紧螺母	23—横梁	25—加水盖胶垫	26—加水盖
28—加强角铁	29—链条	31—拉紧螺栓	32—出水管	33—药液桶	34—喷射部件		

552丙型背负压缩式喷雾器主要由气筒、药液桶和喷射部件3个部分组成，如图5-9所示。

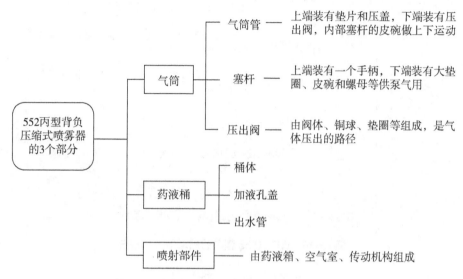

图5-9 552丙型背负压缩式喷雾器3个部分

工作原理：压缩式喷雾器采用压气泵增压，当提升塞杆时，压出阀处于关闭状态，皮碗下方的空间体积增大、压强减小，产生真空度，空气借助于大气压力，从皮碗的小孔进入泵筒下方。

当压下塞杆时，皮碗受到下方压缩空气的作用，紧靠大垫片封闭进气小孔，空气被迫推开出气阀，进入药液桶内。如此重复抽压塞杆，便可使桶内药液上方一定容积内的空气量增多，空气受到压缩从而使压力增大[①]。这时打开截止阀，药液就从喷头喷出。

3. 单管喷雾器

WD-0.55型单管喷雾器由液泵、空气室、喷射部件3个部分组成，如图5-10所示。

① 森文华.浅议农作物病虫害防治中存在的问题及其对策［J］.南方农业，2016，10（3）：46.

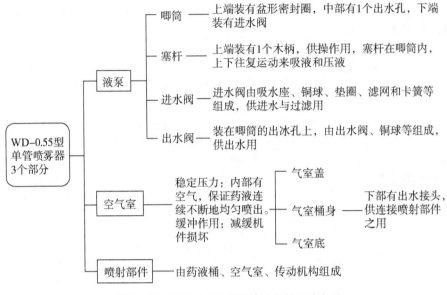

图5-10 WD-0.55型单管喷雾器3个部分

（1）工作过程

使用者依据作业需要，配备适当容量的药液桶，将喷雾器液泵部分固定在药液桶中。有两种作业方式：一种是一个人肩挂方式作业，即一手泵液，一手拿着喷杆喷雾；另一种是两个人抬着药液桶作业，即后面的人泵液，前面的人拿喷杆喷雾。

（2）工作原理

当塞杆向上运动时，唧筒内容积增大，压强下降，产生真空，这时出水阀紧闭，药液在大气压力的作用下，经滤网和进水阀进入唧筒内；当塞杆向下运动时，唧筒内容积减小，压力增大，使进水阀紧闭，药液推开出水阀，进入空气室内，气室内空气被压缩从而增大压力。打开截止阀时，药液从喷头喷出[①]。

4.踏板式喷雾器

踏板式喷雾器是一种射程远、喷射压力高、雾滴比较细的手动喷雾器。

根据泵的结构，分为单缸、双缸两类，3WY-28型为单缸泵踏板式喷雾器，丰收-3型为双缸泵踏板式喷雾器。主要由气室、机座、液泵、杠杆部

---

① 陈亮，浦冠勤.化学防治与生物防治在害虫综合防治中的作用［J］.中国蚕业，2008，29（4）：84-86.

件、吸液部件、三通部件、喷射部件构成①。

（二）喷射部件

虽然手动喷雾器的种类有很多，但是这些喷雾器的喷射部件基本上都是通用的，将液泵送来的药液雾化后，使其以雾滴状喷洒到植物上。它由喷管、喷头、套管、截止阀、胶管等构成。

喷管、喷头用钢管或黄铜管制造，其中一端通过胶管和套管与排液管相连，另一端则安装喷头。套管里装过滤网，过滤喷出的药液。截止阀由开关心和开关壳构成，可以控制药液流通。其中，喷头是施药机械中最关键的部件，施药时，它在以下 3 个方面起作用：① 计量施药液量；② 决定喷雾形状；③ 把药液雾化成雾滴。

喷头决定喷雾的质量，其由滤网、喷头帽、喷头体和喷嘴 4 个部分构成，不同的喷头有不同的使用范围。在中国手动喷雾器上大部分安装的是切向离心式涡流心喷头，也有些新型手动喷雾器为了方便使用除草剂，安装了扇形雾喷头。

现在重点介绍几个不同类型的喷头。

1. 圆锥雾喷头

圆锥雾喷头是依靠药液涡流的离心力使药液雾化，目前是喷雾器上使用得最为广泛的喷头。根据喷头形式的不同，又分为以下 3 种：

（1）切向进液喷头

这类喷头的特点是喷雾量随着压力的增大而增大时，喷雾角也会增大，雾滴就会变得更细，但是压力不是无限制增大的，而是增大到一定数值后这种现象就不明显了；当压力降低时，情况也会相反，当压力降低到一定数值时，喷头就起不到雾化的作用了。

如果压力不变，增大喷孔直径，能增加喷雾量，从而增加雾锥角，但喷孔直径增大到一定数值时，雾锥角的增大就不明显了，这时雾滴变粗，射程却增大；反之，减小喷孔直径，可减小喷雾量，缩小雾锥角，雾滴变小，但射程缩短。

切向进液喷头的 3 个部分，如图 5-11 所示。

---

① 森文华.浅议农作物病虫害防治中存在的问题及其对策［J］.南方农业，2016，10（3）：46.

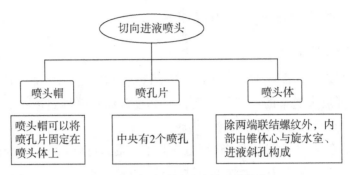

图5-11 切向进液喷头的3个部分

（2）旋水心喷头

旋水心喷头是由旋水心、喷头体、喷头帽等构成。旋水心上有一个螺旋槽，它的截面呈矩形，喷头帽上有喷孔，其喷头帽和端部间有一定间隙，称为涡流室。

因为喷孔直径与压力不一样，所以形成的雾滴的粗细、雾锥角的大小、射程远近等也是有区别的，其余的都和切向进液喷头相同。当调节涡流室的深度，使其更深时，雾锥角变小，雾滴变粗，射程变远。

（3）旋水片喷头

它由旋水片、喷头帽、喷头片和喷头体等组成。它的组成和旋水心喷头非常相似，二者的区别是旋水心被旋水片代替。因此，想要改变喷孔的大小，只需更换喷片。

涡流室在喷片和旋水片之间，在两片之间还有垫圈，想要调节涡流室的深浅，可以通过改变垫圈的数量或改变垫圈的厚度。

旋水片上通常有两个对称的螺旋槽斜孔，当药液在一定压力下流入喷头内，然后通过涡流片上的两个螺旋槽斜孔时，就会产生旋转涡流运动，再由喷孔喷出，形成空心圆锥雾。

2.扇形雾喷头

因为除草剂的应用越来越普遍，所以扇形雾喷头现在已经在全球都应用得非常广泛。这种喷头通常用不锈钢、黄铜、陶瓷、塑料等材料制成。扇形雾喷头种类，如图5-12所示。

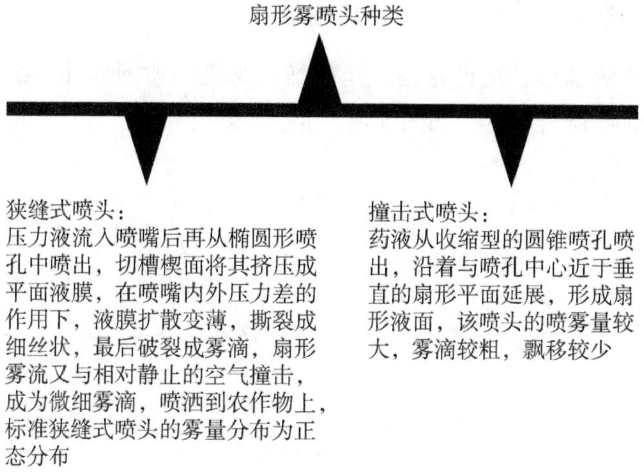

扇形雾喷头种类

狭缝式喷头：
压力液流入喷嘴后再从椭圆形喷孔中喷出，切槽楔面将其挤压成平面液膜，在喷嘴内外压力差的作用下，液膜扩散变薄，撕裂成细丝状，最后破裂成雾滴，扇形雾流又与相对静止的空气撞击，成为微细雾滴，喷洒到农作物上，标准狭缝式喷头的雾量分布为正态分布

撞击式喷头：
药液从收缩型的圆锥喷孔喷出，沿着与喷孔中心近于垂直的扇形平面延展，形成扇形液面，该喷头的喷雾量较大，雾滴较粗，飘移较少

图 5-12 扇形雾喷头种类

3. 其他喷头

农药会因为飘移而对邻近作物产生药害，并且出现农药飘移而污染环境等一系列问题，促使研究学者们研制出可以防治农药飘移的喷头。

这种喷头的特点是在喷头的进液口处开一个可以进空气的小孔（空气孔），当高压药液进入喷头，流经空气孔时会产生负压，这样药液就会吸进空气并产生气泡，经喷孔后形成带气泡的雾滴。由于雾滴内含有气泡，体积变大，不易飘移，当雾滴到达作物表面时，含有气泡的雾滴与作物表面发生撞击，并破碎成细雾滴。

二、手动喷粉器

手动喷粉器是通过人力驱动风机产生气流来喷撒粉剂的机械，它的效果比手动喷雾器好，结构简单，操作方便，作业时不消耗液体，可以省去人工。

手动喷粉器喷粉时容易受到风力影响，污染环境，所以这类机械只适用于封闭的大棚、温室等特殊环境的农田，还有郁闭性好的果园、水稻田、高秆作物、生长后期的棉田。

手摇喷粉器按操作者的携带方式分为胸挂式和背负式两类。按风机的操作方式分为揿压式、横摇式、立摇式。其基本型号有丰收-5型胸挂式手动喷粉器、LY-4型胸挂式立摇手动喷粉器、3FL-12型背负式揿压喷粉器。

（一）丰收-5型胸挂式手动喷粉器

它呈卧式圆桶形，由齿轮箱、药粉桶、风机和喷洒部件等组成，丰收-5型胸挂式手动喷粉器示意，如图5-13所示。

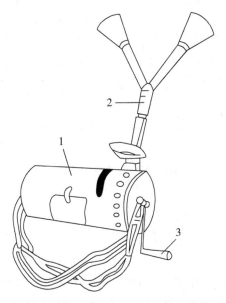

图5-13　丰收-5型胸挂式手动喷粉器示意

图中1、2和3分别是药粉桶、喷洒部件、手柄。

在工作的时候是手柄绕着水平轴旋转，桶身内构造设置，如表5-4所示。

表5-4　桶身内构造设置

部件	作用	构造
搅拌器	松动和推送桶内的粉剂	与手柄固定在同一根轴上，转速和手柄相同
松磁盘	使粉剂松动	
开关盘	扳动开关片上的蝶形螺母就可以改变粉孔的大小，调节出粉量	固定在桶身内，盘上有一个可以滑转的开关片，盘和片上各有6个圆孔
风机	产生高速气流，吹送粉剂	离心式的风机壳与桶身为一体，由齿轮带动

续表

部件	作用	构造
齿轮箱	搅拌器将药粉推向松磁盘，从其边缘的缺口到达开关盘处，再从出粉孔吸入风机内，随高速气流一起经喷粉头喷向作物	三对圆柱齿轮，增速比为49.20。当手柄以额定转速36转/分钟转动，经过齿轮箱增速后，叶轮会连续以1780转/分钟旋转，产生高速气流

（二）LY-4型胸挂式立摇手动喷粉器

LY-4型胸挂式立摇手动喷粉器的构造，如表5-5所示。

表5-5　LY-4型胸挂式立摇手动喷粉器的构造

部件	作用	构造
粉箱	便于粉剂流动	与筒身的中部为一体，粉箱底部成倒圆锥形
齿轮箱		四级传动齿轮，增速比为47.14
风机	输送粉剂，防止药粉架空	转动轴从粉箱中央穿过，叶轮上有9个直叶片，整体注塑而成
筒身	手柄在筒身上方，绕垂直轴转动，对较高作物喷粉时不会缠绕、损伤植株	筒身竖直，上部装有齿轮箱，下部安装风机，有8个风机进风孔，筒身上部和下部装有上、下支撑架和背带扣
输粉器	移动开关手柄，改变出粉口的大小，调节喷粉量	装在风机转动轴上，与粉箱底部保持一定的间隙，粉门开关安装在糕箱底部

工作原理：工作时顺时针转动手柄，通过匹级齿轮增速，带动风机叶轮高速转动，当手柄以35转/分钟转动时，叶轮转速为1650转/分钟，风机出口将产生12米/秒的高速气流，打开粉门开关，药粉经吐粉孔时被吸入风机内，并随高速气流一起经喷粉头喷向作物。

（三）3FL-12型背负式撤压喷粉器

3FL-12型背负式撤压喷粉器部件的作用及构造，如表5-6所示。

表 5-6　3FL-12 型背负式揿压喷粉器部件的作用及构造

部件	作用及构造
粉箱	在粉箱内部前后摆动,使药粉下落,防止架空底部。出粉口的下面安装有粉门开关,可以调节喷粉量,底部呈倒圆锥形,内有搅拌杆,由手柄通过连杆带动
齿轮箱	由一对斜齿轮、一对直齿轮、齿轮箱壳、齿轮箱盖和叶轮轴等组成小斜齿轮,滑套在叶轮轴上,齿轮的下端面上有斜面,可与叶轮轴上的销钉接合或分离,带动叶轮转动或在叶轮轴上空转
风机	位于桶身中部,由叶轮和上、下盖板组成,下盖板与桶身为一体,风机本身不带风机壳,由桶身作为风机蜗壳,在风机蜗壳起始端处设一隔舌,用以减少风压损失
输粉器	风机叶轮轴的上部穿过粉箱底部的小孔进入粉箱,轴端装有输粉器

工作原理:当下压手柄时,通过两级齿轮增速,由最后一级小斜齿轮通过叶轮轴上销钉带动叶轮轴和叶轮一起转动;当向上抬起手柄时,齿轮的旋转方向改变,小斜齿轮与叶轮轴上的销钉脱离,叶轮轴和叶轮一起靠惯性继续向原方向旋转,而小斜齿轮则在轴上空转。再次下压手柄时,又带动叶轮转动,于是叶轮能高速、连续旋转,产生高速气流,喷洒药粉。

三、背负式机动喷雾喷粉机

背负式机动喷雾喷粉机采用气力喷雾、气压输液、气流输粉原理,是由汽油机驱动的植保机械。它有很多优点,如结构紧凑、作业效率高、操作灵活、价格适中、适应性广、喷洒质量好。很适合中国农业实际生产,是一种具有发展潜力、较为理想的小型机动植保机械。除此以外,它还可以进行超低量喷雾、喷粉、喷雾等多项作业。

(一)背负式机动喷雾喷粉机种类

目前,中国生产的背负式机动喷雾喷粉机种类比较多,大约有 10 多种,它们之间的区别比较大,可以从以下 4 个方面进行阐述(图 5-14)。

功率

0.8千瓦的小功率背负式机动喷雾喷粉机主要用于庭院小块地喷洒；1.18～2.1千瓦的背负式机动喷雾喷粉机主要用于农作物病虫害防治；2.94千瓦以上的大功率背负式机动喷雾喷粉机，由于其垂直射程较高，多用于树木、果树等病虫害防治

风机工作转速

工作转速低，对发动机零部件精度要求低，可靠性易保证。但提高工作转速可减小风机结构尺寸、降低整机重量。因此，目前国外背负式机动喷雾喷粉机都在向高转速方向发展

输粉结构

输粉结构可分为外流道式和内流道式。前者结构简单、维修方便；后者可减少药粉的泄漏且外部整洁美观

风机的结构形式

采用离心式风机，按风机叶轮的不同分为闭式叶轮和半开式叶轮，前者按叶片出口角分类，又可分为后弯式、径向式和前弯式

图5-14 背负式机动喷雾喷粉机种类区别

① 风机工作时的转速为5000～8000转/分钟，中间以每分钟500转上涨，其中5500转/分钟以下的背负式机动喷雾喷粉机的产量是最多的，几乎达到全部产量的75%。

② 功率有0.8千瓦、1.18千瓦、1.29千瓦、1.47千瓦、1.70千瓦、2.1千瓦、2.94千瓦等几种。

③ 在输粉结构中，外流道式是指输粉管在风机壳外，内流道式是指输粉管在风机壳里面。

（二）背负式机动喷雾喷粉机构造

背负式机动喷雾喷粉机由机架、风机、药箱、喷雾喷粉部件等几个部分组成。背负式机动喷雾喷粉机示意，如图5-15所示。

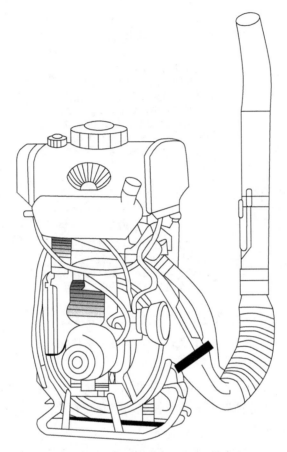

图 5-15　背负式机动喷雾喷粉机示意

1. 机架

机架由上机架、下机架、背负系统、减震装置和操纵机构组成。

其中操纵机构有两种，是排粉操纵机构、发动机油门操纵机构，它们都被固定在机架上。

发动机油门操纵机构是依靠控制油门控制汽油机的转速。发动机油门操纵机构也分两种：一种是钢丝软轴操纵机构；另一种是杠杆操纵机构。这两种操纵机构有一个共同的作用点，就是通过一套杠杆机构或钢丝软轴控制化油器上的调量活塞的位置，进而控制发动机转速的高低。杠杆操纵机构使用得更多，因为它比钢丝软轴操纵机构更加可靠。

排粉操纵机构是用来控制喷粉作业时排粉量大小的。粉门拉杆下端有一个下接头与粉门操纵杆上的摇臂铰链，粉门拉杆上端与粉门连接，粉门操纵手柄可以停放在调量壳上任意一齿间位置，可以控制排粉量多少。

2. 风机

在背负式机动喷雾喷粉机中，占据重要地位的部件就是风机，主要包括叶轮、风机前、后蜗壳。汽油机带动其产生高速气流，供喷粉作业或喷雾时使用。

背负式机动喷雾喷粉机上采用的都是小型高速离心风机，气流从叶轮轴向进入风机，变为高速气流后，会沿叶轮圆周切线方向流出。

风机背负式机动喷雾喷粉机的风机工作转速非常高，将网罩装入风机进风口，可以防止将异物吸入风机内，造成人员伤害、零件损坏。

3. 药箱

药箱是储存药粉或药液，并借助于气流进行输送的装置。若有不同需求，药箱只需要更换几个零件就可以进行喷粉作业或喷雾。

4. 喷雾喷粉部件

（1）作用

利用风机产生的高速气流将药箱内的药粉或药液均匀地喷洒到作物上。

（2）喷管组件

在进行喷雾的过程中，主要有蛇形管、弯头、弯管、直管、喷头、喷嘴、手把开关、输液管、出水塞等。

喷头的作用：在喷雾的过程中，是最主要的工作部件，决定了雾化的好坏，药液在风压作用下经喷嘴而雾化。

喷嘴的作用：它的形式比较多，最主要的有两种，一种是阻流板式，另一种是固定叶轮式。由分流锥组件、旋转组件、调量开关 3 个部分构成。超低量喷雾时，其喷头与喷雾一样，将喷雾用的通用喷头改为超低量喷头。

① 旋转组件：由前齿盘、后齿盘、驱动叶轮、护帽、两个滚动轴承组成。

② 分流锥组件：由分流盖、分流锥组成。

喷粉时，将喷雾时喷管组件上的出水塞、喷头、输液管、卡环取下来，把输粉管一端装在弯头的下粉口上，另一端插在粉门体的出粉口上，用卡环分别固定牢。

弯头的作用：其有两种安装位置，一种是平行于机架安装，以便安装塑料薄膜长管喷粉时使用；另一种是垂直于机架安装，以便喷雾、喷粉、超低量喷雾用时使用。

（三）背负式机动喷雾喷粉机的工作原理

1. 喷雾工作原理

在汽油机曲轴上安装离心风机的叶轮，发动机转动时，风机会产生高速气流，并在风机出口处产生一定压力，风机产生的大部分高速气流通过风机出口流入喷管，一小部分气流通过出风筒、进气胶塞、进气软管、滤网、出气口进入药箱里，并产生压力。

药液在风压作用下经粉门体、出水塞接头、输液管、开关手把组合、喷口，从喷嘴上的小孔喷出。进而喷管内的高速气流将喷出的药液击碎成极细的雾粒，再喷洒到物体上。

2. 超低量喷雾的工作原理

离心风机产生的高速气流通过喷管进入喷头，遇到分流锥后呈环状喷出，将喷出的气流吹到与雾化齿盘组合在一起的驱动叶轮上，叶轮带动雾化齿盘以 9000～11 000 转/分钟的速度旋转。

药箱内的药液在压力作用下，经调量开关流入空心轴，空心轴的孔径为 1.5 毫米，药液经空心轴进入前齿盘、后齿盘之间的缝隙中，并附在齿盘上，在齿盘高速旋转产生的离心力作用下，药液以 39 米/秒的线速度被前齿盘、后齿盘圆周上的齿尖连续不断地甩出，形成直径为 15～75 微米的小雾滴，紧接着被喷口喷出的气流吹出，在空中飘动，最后降落到靶标作物的茎叶上。

3. 喷粉的工作原理

喷粉时，要将输液管替换为输粉管，在药箱里的进气胶塞上安装吹粉管，并拆掉喷嘴。

工作时，风机产生的气流大部分通过喷管吹出，小部分经挡风板，进入吹粉管，这部分气流是有一定压力的高速气流，从吹粉管周围小孔吹出的气流使药粉松散，并将吹向粉门体，进入输粉管。

输粉管是直接装在喷管上的，由于射流作用，输粉管内的药粉被吸入喷管内，通过喷管吹到作物上。药箱内吹粉管上部的粉剂由于汽油机的振动持续下落，再由吹粉管出来的气流吹向粉门。

四、喷射式机动喷雾机

它是由发动机带动液泵产生高压，用喷枪进行宽幅远射程喷雾的机动喷雾机。

（一）喷射式喷雾机种类

可以根据机械的大小进行划分，喷射式喷雾机的种类，如图5-16所示。

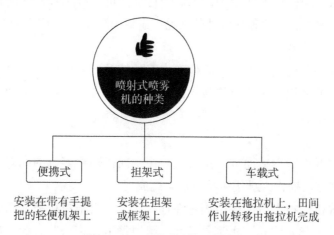

图5-16　喷射式喷雾机的种类

喷射式机动喷雾机的优点非常多，如喷雾幅宽、工作压力高、效率高、劳动强度低等，可以用于水稻各个型号的田地病虫害防治，也可以用于果园、园林、大田作物的病虫害防治。

（二）主要工作部件

由发动机、机架、吸水部件、液泵、自动混药器、喷射部件等构成。

1.液泵

它为往复式容积泵，特征是能按照需要，在一定范围内调节压力，且液泵排出的液量可以稳定不改变。

2.喷射部件

由喷枪、喷雾胶管组成。

（1）喷枪

有可调喷枪、远射程喷枪、多头组合喷枪。

（2）喷雾胶管

有粗规格和细规格两种：粗规格的胶管内径为13毫米，细规格的胶管内径为8毫米，可以根据作业需要和不同的机型配置长短。

对于大、中型作业机械，部分配置了卷管机，目的是将较长的喷雾胶管卷放整齐，方便田间操作和转移。

3. 吸水部件

由吸水滤网、吸水管组成，适用于水深 7 ~ 10 厘米的水稻田。

使用时，插杆插入泥土中，水流经过滤网进入吸水管，滤网将杂草、浮萍等挡住。需要经常清理滤网外的杂物，避免因沉积多而阻塞滤网。

4. 自动混药器

它有很多的优点，如减少人体和农药的接触、减少污染。喷雾时药箱内只装清水，或者用吸水头直接从水源处取水，药液由混药器自动吸入喷雾管路中，再由喷枪喷出。

5. 机架

用角钢或钢管焊接而成。担架式、便携式机动喷雾机的棚架上安装有把手，田间转移由操作人员用手抬着框架完成。

车载式机动喷雾机的棚架固定在拖拉机上，由拖拉机完成田间转移。发动机和泵的地脚安装孔基本都是长孔，可以调节皮带松紧。为了避免杂物进入和保障人身安全，三角皮带传动部分要安装安全保护罩[①]。

6. 发动机

担架式、便携式可以选择四冲程小型汽油机和柴油机，功率范围在 2.2 ~ 3.5 千瓦。拖拉机动力输出轴为车载提供机动力，并用三角皮带进行传动。

（三）工作原理

虽然喷射式机动喷雾机的型号不同，但是雾化原理却是相同的，即发动机带动液泵进行吸水、压水，当活塞右行时吸水管从水田中吸水或从药箱中吸药到泵，活塞左行时压水，把水压入空气室，产生的高压水流经混药器时吸药混合，再由喷射部件雾化喷出。

五、喷杆式喷雾机

喷杆式喷雾机是装了喷杆的液力喷雾机。它有非常多的优点，如喷肥质量好、生产效率高等。在大田作物所用的植保机械中有很广泛的使用。主要作用于麦、大豆、棉花、玉米等农作物的播后、苗前土壤处理，作物生长前期灭草及病虫害防治。

---

① 陈亮，浦冠勤.化学防治与生物防治在害虫综合防治中的作用［J］.中国蚕业，2008，29（4）：84-86.

（一）喷杆式喷雾机的种类

喷杆式喷雾机的种类非常多，其不同划分方式，如图5-17所示。

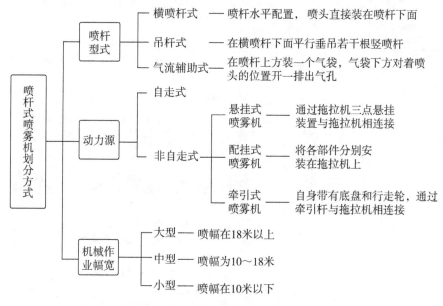

图5-17 喷杆式喷雾机不同划分方式

作业过程中，横、竖喷杆的喷头形成"门"字形对作物进行喷洒，使雾滴均匀地覆盖在作物表面。在棉花等作物的中后期，用来喷洒杀虫剂等。

风机往气袋里供气产生强大气流，通过气袋下面的小孔产生下压气流，将喷头喷出的细小雾滴带进株冠丛，提高雾滴在作物上的附着量，增强雾滴穿透性，使其可穿入浓密的作物里。

喷雾装置可以根据需要改变前后角度，从而降低飘移污染。

（二）拖拉机牵引的3W-2000型喷杆式喷雾机

拖拉机牵引的3W-2000型喷杆式喷雾机的分类也特别多，但是构造及原理大致相同，如图5-18所示。

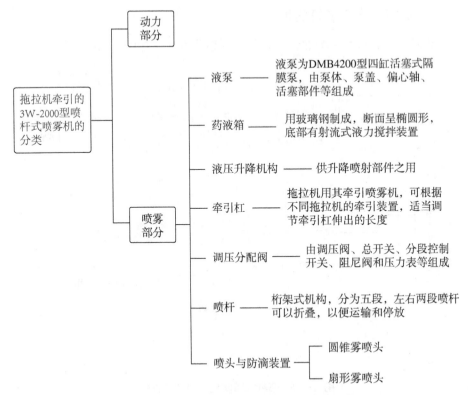

图 5-18　拖拉机牵引的 3W-2000 型喷杆式喷雾机的分类

药液箱会经过射流喷嘴，对药液进行搅拌，喷嘴共有 4 个，安装的方向都不一样，截流阀可以控制射流量的大小。

液压升降机构在作业的时候，会根据作业的环境，如风力、地形、作物的高度，来调整喷头和地面之间的距离。驾驶员拉动拖拉机液压操作的手柄来控制上下，就可以使油缸伸长或缩短去提升或降低喷杆，直到喷头和地面的距离达到标准就可以停止了。

喷雾的压力可以用调压阀调节，调压分配装置各自的作用。

① 调压阀：调节喷雾压力。

② 总开关：控制喷雾及停喷。

③ 分段控制开关：控制 4 组喷头的喷雾及停喷。

④ 阻尼阀：位于分段控制开关的回水管路上，共 4 个，可使回水管路和喷雾管路的水力阻力相等，即关闭任意一组喷头不会影响其他喷头的喷雾量及压力。

喷头可以安装在喷杆上，作业时，喷杆桁架展成一条直线。在外喷杆的两端装有仿形板，避免作业时由于喷杆倾斜而使最外端的喷头着地。在每侧的外段喷杆与中段喷杆之间都设有一个弹性自动回位机构，当地面不平、拖拉机倾斜而使外喷托着地时，外喷杆可以自动避让，绕过障碍物后又能迅速回到原来的位置。整个喷杆桁架由一个单作用油缸控制升降，由两组压缩弹簧控制左右平衡。在喷杆桁架内安装有喷雾胶管和防滴喷头。

喷头和防滴装置分类的详解介绍如下。

圆锥雾喷头分为空心圆锥雾喷头和实心圆锥雾喷头。空心圆锥雾喷头喷出伞状雾，中间是空心的，在喷施压力高及喷雾量小时，可以产生较细的雾滴，可用于杀菌剂、喷洒杀虫剂、生长调节剂等。实心圆锥雾喷头的涡流片上有一个中心孔，还有两个螺旋槽斜孔，药液通过中心孔射向喷孔的时候，可以形成实心的雾锥体。它可以喷出实心圆锥雾斑，在这个雾斑范围内的雾滴比较均匀。该喷头喷出的雾流中间部分的药液没有充分雾化，雾滴比较粗，但是穿透力很强，适合喷洒苗前土壤处理除草剂、苗后喷施的触杀型除草剂。

扇形雾喷头喷出的雾滴较粗，雾滴分布范围比较窄，但定量控制性能好，可以精确施洒药液。其分为狭缝式和撞击式。狭缝式喷出的雾滴沉积分类，如图 5-19 所示。

撞击式的喷头喷雾量大，雾化性能比较差，雾滴粗，大部分用来喷洒除草剂，目的是为防止雾滴飘移伤害农作物。

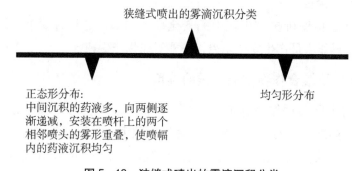

狭缝式喷出的雾滴沉积分类

正态形分布：
中间沉积的药液多，向两侧逐渐递减，安装在喷杆上的两个相邻喷头的雾形重叠，使喷幅内的药液沉积均匀

均匀形分布

图 5-19 狭缝式喷出的雾滴沉积分类

拖拉机牵引的 3W-200 型喷杆式喷雾机在喷除草剂时，为了消除停喷时药液在残压作用下沿喷头滴漏而造成药害，大部分都配有防滴装置。防滴装

置有 3 种形式：膜片式防滴阀、真空回吸三通阀、球式防滴阀。

六、植保机械的选购

（一）植保机械的选购原则

1.熟知防治的病虫害的特征

要对防治病的虫害的施药方式、危害特征、防治要求都有非常清楚的了解。例如，发生在植物上的病虫害都是什么类型，危害的时间段是第几阶段、危害的部位是哪里，以及危害的周期有多长、在什么时间段最活跃，这些都是需要考虑的问题，进而选择药剂的类型、用量和物理性状、喷洒作业方式、喷雾是常量还是低量等，方便选择植保机械类型。

2.了解防治对象田间自然条件

了解防治对象田间自然，可以选对植保机械，使其更好地适应作业，如需要施药的田间是丘陵还是平原、果树行间距及大小、两树之间的距离等问题，确保选择的机械在田间作业及运行适应性。

3.机械满足防治需求

考虑药剂覆盖的部位和密度、果树的大小及树冠高度，查看植保机械的喷洒部件性能能不能满足防治需求。

4.配件齐全

例如，购买用于喷洒除草剂的喷雾机械，需配购适用于喷洒除草剂的附件，有防滴阀、集雾罩、狭缝喷头等。

5.注重安全性

熟知所选植保机械在作业中的安全性。例如，是否有漏水、漏药等现象，不能对操作人员产生安全隐患，不能对作物产生药害。

（二）主要粮食作物植保机械的选用

中国的主要粮食作物有玉米、薯类、稻等。作物的生长形态、生长环境、长势、高度都不同，所以病虫草害发生危害的时间、部位也不一样。我国有拌种机、喷杆式喷雾机、背负式机动喷雾喷粉机、担架式喷雾喷粉机、手动喷雾器、手持离心喷雾机、手摇撒粒器和手摇喷粉器等用于粮食作物病虫草害的防治。

第四节 植保机械的使用技术与维修保养

一、手动喷雾器的使用与保养

（一）手动喷雾器使用后的正确处理

① 由于药箱内不能留有残存药液，因此应在使用完毕后将剩余药液全部倒出。

② 用清水将机械清洗干净，若手动喷雾器喷洒过除草剂，需要用洗衣粉清洗。

③ 清洗后的污水，应选择安全地点妥善处理。

④ 检查各部件螺丝是否有松动。每天清理喷杆、机器表面、输液管的油污和灰尘。

⑤ 擦干净手动喷雾器后，应放在干燥通风的地方，远离火源，防止阳光照晒加速塑料老化[1]。

（二）机械正确保养

由于机械长时间使用，零件长期受到磨损，所以一定要定期对喷雾器的各部件进行特殊保养。

① 经常为空气室压盖内的油毡密封圈添加润滑油。

② 经常清理开关把手内的过滤网，以防堵塞。

③ 装配时在手柄与护套密封圈的连接处涂抹黄油。

④ 更换皮碗时，从药液箱里面卸下安装在气室上的搅拌器，用搅拌器底部的"十字"凸起部分松开锁紧帽，将新的皮碗换上；新皮碗应涂抹润滑油。

⑤ 长期不使用，应将喷雾器整理好放入箱内，在室内保存[2]。

二、喷粉器的使用与保养

喷粉器的使用与保养步骤，如图 5-20 所示。

---

① 孙金寿 . 关于植保专业化防治的问题与思考［J］. 上海农业科技，2010（3）：16-17.

② 王俊华 . 植保机械专业化防治现状调研报告［J］. 河南农业，2010（8）：1.

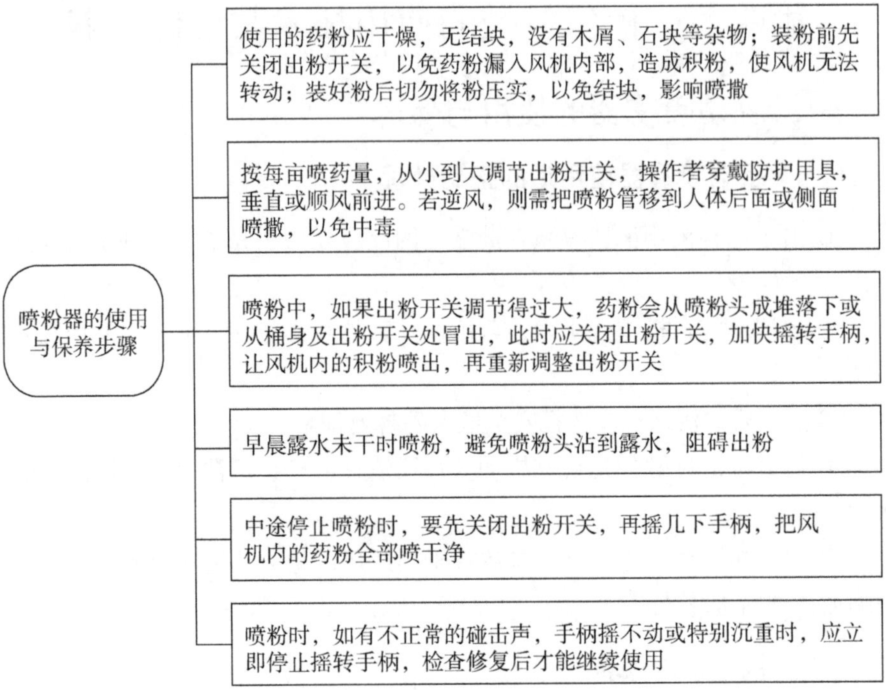

喷粉器的使用与保养步骤

使用的药粉应干燥，无结块，没有木屑、石块等杂物；装粉前先关闭出粉开关，以免药粉漏入风机内部，造成积粉，使风机无法转动；装好粉后切勿将粉压实，以免结块，影响喷撒

按每亩喷药量，从小到大调节出粉开关，操作者穿戴防护用具，垂直或顺风前进。若逆风，则需把喷粉管移到人体后面或侧面喷撒，以免中毒

喷粉中，如果出粉开关调节得过大，药粉会从喷粉头成堆落下或从桶身及出粉开关处冒出，此时应关闭出粉开关，加快摇转手柄，让风机内的积粉喷出，再重新调整出粉开关

早晨露水未干时喷粉，避免喷粉头沾到露水，阻碍出粉

中途停止喷粉时，要先关闭出粉开关，再摇几下手柄，把风机内的药粉全部喷干净

喷粉时，如有不正常的碰击声，手柄摇不动或特别沉重时，应立即停止摇转手柄，检查修复后才能继续使用

图 5-20　喷粉器的使用与保养步骤

三、背负式机动喷雾喷粉机的使用及保养

为了保证汽油机能正常工作，需要在操作前按照汽油机正确的操作方法，将电路系统、油路系统都仔细检查一遍，再启动。

（一）喷雾作业

① 检验密封性。不能直接将药加进去，一旦出现渗漏现象，就会造成很多不必要的步骤及安全隐患，应该先用清水试喷一次，如果没有渗漏，再将药加进去。

② 缓慢加药。加药的时候，要缓慢一些，并且不能加太满，否则药液会从过滤网出气口溢进风机壳里。

③ 药液无杂质。药液不含杂质，就不会将喷嘴堵塞。

④ 加药后必须将药箱盖盖紧。

⑤ 启动发动机后，保持其为怠速运转状态。

⑥ 将机械背起，调整油门开关后，使汽油机保持在额定转速上下，开始

作业时将药液手把开关打开即可。

喷药时的注意事项，如图 5-21 所示。

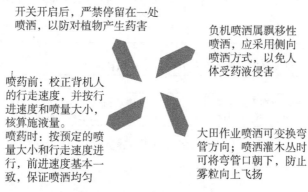

开关开启后，严禁停留在一处喷洒，以防对植物产生药害

负机喷洒属飘移性喷洒，应采用侧向喷洒方式，以免人体受药液侵害

喷药前：校正背机人的行走速度，并按行进速度和喷量大小，核算施液量。
喷药时：按预定的喷量大小和行走速度进行，前进速度基本一致，保证喷洒均匀

大田作业喷洒可变换弯管方向；喷洒灌木丛时可将弯管口朝下，防止雾粒向上飞扬

图 5-21　喷药时的注意事项

（二）喷粉作业

① 喷粉作业状态。加粉时关好粉门，加的粉剂不能含有杂物、杂草，以及出现结块现象，并保持干燥。

② 加粉后将药箱盖拧紧。

③ 启动发动机后，使其保持怠速运转状态。

④ 将机械背起，调整油门开关后，使汽油机保持在额定转速上下，然后喷撒时调整粉门操纵手柄即可。

⑤ 使用薄膜喷粉管进行喷粉时，要先将薄膜喷粉管从摇把绞车上放出，加大油门，使薄膜喷粉管吹起来，再调整粉门的喷撒，前进的过程中要随时抖动薄膜喷粉管，以防其末端存粉。

在使用背负式机动喷雾喷粉机的过程中，安全隐患处处存在，一定要注意防火、防毒，以免发生事故。格外需要关注的是防毒，因为背负式机动喷雾喷粉机喷洒的药剂浓度较手动喷雾器高，药剂雾粒非常细，作业时会在空中悬浮一段时间，极易被人体吸入，从而引发中毒，所以要保护人身安全，重视防毒。

（三）机械保养

背负式机动喷雾喷粉机在工作完成以后，要进行保养，这样才能延长使用时间，在使用的时候也较为顺畅。机械保养步骤如图 5-22 所示。

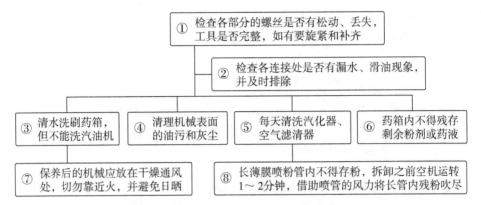

图 5-22　机械保养步骤

第五节　植保机械的维修与故障排除

一、手动喷雾器

（一）喷不出雾且滴水

是因为套管内滤网或喷头内斜孔被堵塞了，需要做的就是将其拆下来清洗，将堵塞物清除。

（二）喷雾时水和气一起喷出

喷雾时水和气一起喷出是因为输液管被药液腐蚀或桶内的输液管焊缝脱焊，需要及时更换新管或补上。

（三）喷出的雾零散

喷出的雾零散，没有呈现圆锥形，是因为喷孔被赃物堵塞或形状不正，导致雾化不良。这种情况需要拧下喷头帽进行调整，并将喷孔赃物一并清除。

（四）气筒打不进气

是因为皮碗磨损破裂、干缩硬化、皮碗底部螺钉脱落，使皮碗脱离。所以需要将干缩硬化的皮碗拆掉，并放在动物油或机油里浸泡，等到膨胀以后再安装。

如果皮碗破裂了要及时更换，如果螺钉松脱，需要装好皮碗后再次拧紧。

（五）气筒压盖或加水盖漏气

由橡胶垫圈没有垫平或损坏造成密封性欠缺，需要将凸起的边缘焊紧，或者根据情况及时更换垫圈。

二、小型机动喷雾器

（一）不能启动或启动困难

难以启动的原因，主要有以下几种，如图 5-23 所示。

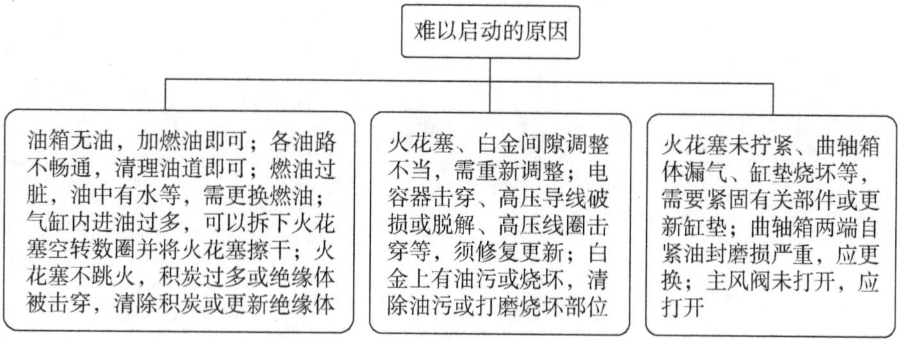

图 5-23　难以启动的原因

（二）能启动但功率不足

能启动但功率不足，有以下几点原因：

① 供油不足，空滤器、主量孔堵塞等，需要及时疏通清洗；

② 燃烧室积炭太多，使混合气出现预燃现象，需要及时将积炭清除；

③ 点火时间太早等原因，需要及时调整；

④ 活塞、活塞环、气缸套磨损严重，应更换新件；

⑤ 混合油太稀了，需要将对比度提高。

（三）发动机运转不平稳

发动机运转出现稳定性问题，有以下几点原因：

① 主要部件严重磨损，运动中产生敲击抖动现象，需要及时更换部件；

② 出现回火现象，是因为点火时间太早了，要及时检查调整；

③ 浮子室有机油沉积或有水，使运转不平稳，应及时清洗；

④白金松动或磨损，需要紧固或更新。

（四）运转中突然熄火

运转中熄火，有以下几点原因：

①燃油烧完，需要及时加油；

②油门操纵机构脱解，需要及时修复；

③高压线脱落，需要接好；

④火花塞被击穿，需要更换。

参考文献

经典著作和重要文献

［1］柳意能.长沙县病虫害专业化防治发展现状与对策［J］.科技传播，
2010，8（2）：102－103.

［2］中共益阳市委党史研究室.益阳农业发展史［M］.长沙：湖南人民出版社，
2011：177－190.

［3］成卓敏.农此生物灾害预防与控制［M］.北京：中国农业科技出版社，
2005.

［4］赵春江.农业智能系统［M］.北京：科学出版社，2009.

［5］李道亮.农业病虫害远程诊断与预警技术［M］.北京：清华大学出版社，
2010：21.

［6］杨善林.智能决策方法与智能决策支持系统［M］.北京：科学出版社，
2005.

学位论文类

［1］佟盟.民族文化资源与中国动画传播［D］.长春：东北师范大学，2008.

［2］何忠献.农资企业在农技推广中的SWOT分析［D］.长沙：湖南农业大学，
2012.

［3］黄晞.永福县农作物病虫害专业化统防统治现状及对策研究［D］.南宁：
广西大学，2012.

［4］张国良.珪肥对水稻产量和品质的影响及珪对水稻纹枯病抗性的初步研
究［D］.扬州：扬州大学，2005.

［5］史银雪.目标驱动—情境感知的柔性WEB服务结合研成［D］.北京：
中国农业大学，2014.

［6］王雪梅.农业信息区域推送技术研究［D］.保定：河北农业大学，2014.

[7] 杨洁.基于本体的巧橘病虫害知识建模及推理研究［D］.武汉：华中师范大学，2014.

[8] 原野.基于语义技术的梢橘施肥决策支持系统研究［D］.重庆：西南大学，2014.

[9] 郭星明.管理信息本体中间件及其农业领域应用研究［D］.杭州：浙江大学，2014.

[10] 朱麟.基于本体的ＨＡＣＣＰ体系知识服务应用研究［D］.合肥：安徽农业大学，2011.

[11] 葛亮.基于本体演化过程的一致性校验方法研究［D］.长春：吉林大学，2012.

[12] 王栋艳.语义网模糊本体的构建方法［D］.大连：大连海事大学，2011.

[13] 邵世磊.苹果病害事侧库构建关键技术研究[D].北京：中国农业科学院，2013.

[14] 张贤坤.基于案例推理的应急决策方法研究［D］.天津：天津大学，2012.

[15] 李悦.农作物病虫害知识图谱构建研究［D］.北京：中国农业科学院，2021.

[16] 吴晓东.基于众包的农业病虫害信息化测报方法研究［D］.合肥：安徽农业大学，2018.

[17] 潘鹏亮.增加作物多样性对病虫害和天敌发生的影响［D］.北京：中国农业大学，2016.

期刊论文类

[1] 张忠谋，刘天龙，何川.病虫防治现状堪忧专业化防治势在必行［J］.安徽农学通报，2009，15（1）：152-186.

[2] 陈常元，彭俊彩.常德市水稻病虫专业化防治运作模式探讨［J］.湖南农业科学，2009（3）：69-71.

[3] 张洪进，杨慕林，任巧云.创建企业型植保专业化防治合作社提升农业病虫防控能力［J］.上海农业科技，2010（3）：18-19.

[4] 郭跃华.对农作物病虫害专业化统防统治的思考［J］.中国植保导刊，2010，32（1）：56-58.

［5］徐宏，卢文洁，毛永雷.甘蔗病虫害专业化防治［J］.中国糖料，2011（2）：
77-80.

［6］张振和，徐清云.关于推进农作物病虫专业化防治的思考［J］.北方水稻，
2011，41（3）：75-76.

［7］孙金寿.关于植保专业化防治的问题与思考［J］.上海农业科技，2010（3）：
16-17.

［8］黄生.广西农作物病虫害专业化统防统治现状及发展建议［J］.广西植保，
2011，24（4）：30-33.

［9］向子钧.湖北省农作物病虫害专业化防治之思考［J］.中国植保导刊，
2011，31（1）：42-44.

［10］陈振天，孙丰年，宋婷婷.吉林市农作物病虫害专业化防治现状及发展
思路［J］.吉林农业，2010（6）：92-93.

［11］张秀珍.农作物病虫草害统防统治效果显著［J］.今日农药，2011
（2）：112.

［12］田红，全锦莲，王立平.农作物病虫害专业化防治存在的问题及建议［J］.
现代农业科技，2010（21）：228.

［13］谢巧艳，曾凡杜.农作物病虫害专业化防治的应用［J］.作物研究，
2011，25（3）：253-255.

［14］陶凤英，潘云鹤，栾金波.农作物病虫害专业化统防统治的现状与发展
对策［J］.内蒙古农业科技，2011，2：96-97.

［15］冯金祥，陈跃，钟雪明，等.农作物专业化统防统治存在的问题及对策
建议［J］.上海农业科技，2010（1）：3.

［16］农业部种植业管理司植保植检处.全国病虫专业化统防统治发展现状及
思路［J］.青海农技推广，2010，1：11-15.

［17］张武云.山西省农作物病虫害专业化统防统治现状与发展思路［J］.中
国植保导刊，2011，31（12）：49-51.

［18］丁旭，陈书华，吴小兵.水稻病虫害专业化承包防治服务新模式初探［J］.
上海农业科技，2012，1：23-25.

［19］肖晓华，邹勇.水稻病虫专业化统防统治实践及成效［J］.南方农业，
2011，5（1）：5-8.

［20］窦秦川，罗嵘江，正红钟.云南省农作物病虫害专业化防治探讨［J］.
土肥植保，2011，8：37-38.

［21］岳葆春，翟宗清，何成舟．增强功能优化服务扎实开展水稻病虫专业化防治［J］．安徽农学通报，2010，16（2）：171-172.

［22］龚露，冯金祥，张国鸣．浙江省农作物病虫害专业化统防统治的实践与对策［J］．中国农技推广，2011，27（8）：8-10.

［23］王俊华．植保机械专业化防治现状调研报告［J］．河南农业，2010（8）：1.

［24］冀向阳，段新颖，李华．植保专业化防治现状与发展前景探析［J］．安徽农学通报，2011，17（7）：18-19.

［25］周天云，王泽乐，刘祥贵．统防统治开展现状及发展思路［J］．农药技术与装备，2011，7：14-15.

［26］张艳刚，张小龙，李虎群．专业化防治美国白蛾的现状及发展建议［J］．农药科学与管理，2012，33（5）：51-54.

［27］危朝安．专业化统防统治是现代农业发展的重要选择[J].山东农药信息，2012，3：45-48.

［28］张信扬，邓国云，李练军．专业化统防统治在水稻病虫害防治中的应用［J］．植物医生，2011，24（2）：47-50.

［29］刘卫国．农作物病虫害统防统治"三位一体"模式的推进应用于思考[J]．中国植保导刊，2012，32（6）：61-62.

［30］刘星兰，戴爱梅，陈志．农作物病虫害专业化统防统治的形式及成效[J]．植物医生，2012，25（4）：47-48.

［31］吴新平，朱春雨，刘杰民．专业化统防统治发展形势展望［J］．农药科学与管理，2010，31（5）：13-14.

［32］欧高财，唐会联，尹惠平．湖南农作物病虫害专业化统防统治模式探索与发展［J］．中国植保导刊，2013，33（4）：59-63.

［33］李秀华．试论农业技术推广的基本涵义及传播模式［J］．农业与技术，2012，32（9）：215-216.

［34］邵振润．农业病虫发生概况及农药市场与统防统治工作浅析［J］．今日农药，2010，10：30-34.

［35］韦学能，莫进雄，莫海南．创新发展模式积极推进农作物病虫害专业化统防统治工作：平南县保得丰植保农化有限公司开展农作物病虫害专业化统防统治工作概述［J］．广西植保，2012，25（1）：34-36.

［36］杨建华，唐洪．岳池县农作物病虫专业化统防统治的成绩［J］．

植物医生，2012，25（5）：49-50.

［37］唐洪.农作物病虫专业化统防统治建设［J］.植物医生，2011，
　　　24（3）：49.

［38］丁巨涛.我国农业技术推广体系构建探析［J］.农村经济，2005，5：
　　　102-103.

［39］江娜.农业部全力推进农作物病虫害专业化防治［J］.农药市场信息，
　　　2008，23：79.

［40］黄晞.广西农作物病虫害专业化统防统治现状及发展建议［J］.广西植保，
　　　2011，24（4）：30-33.

［41］张启勇，曹辉辉，闫德龙.扎实推进专业化统防统治工作大力提高安
　　　徽省农作物病虫害防控水平［J］.安徽农学通报，2011，17（5）：
　　　103-104.

［42］方志鹏，王良吉.合肥市植保专业合作经济组织的发展现状与思考［J］.
　　　现代农业科技，2010（10）：173-175.

［43］陈进.农作物病虫害防治现状及改善措施［J］.农技服务，2016，33
　　　（4）：134-134.

［44］陈亮，浦冠勤.化学防治与生物防治在害虫综合防治中的作用［J］.中
　　　国蚕业，2008，29（4）：84-86.

［45］陈万权.小麦重大病虫害综合防治技术体系［J］.植物保护，2013，
　　　39（5）：16-24.

［46］杜本益.生物防治在烟草病虫害防治的运用［J］.农业与技术，2016，
　　　36（22）：42-43.

［47］高山林，朱立宏.水稻白叶枯病抗性遗传研究［J］.南京农业大学学报，
　　　1982，5（1）：22-35.

［48］何跃.农作物病虫害防治工作存在的问题与对策［J］.吉林农业，2011
　　　（3）：110.

［49］刘化安.农作物病虫害防治技术及建议［J］.农业与技术，2017，37（13）：
　　　39-40.

［50］胡豹，楼洪兴.我国农作物病虫害防治技术的专利战略与管理［J］.浙
　　　江农业学报，2014，26（2）：495-502.

［51］黄朝宏.水稻病虫害防治中的问题及对策研究［J］.农业与技术，2018
　　　（1）：118-119.

［52］霍治国，李茂松，王丽．气候变暖对中国农作物病虫害的影响［J］.中国农业科学，2012，45（10）：1926-1934.

［53］贾兴娜，钟春燕，聂金泉．生物农药在水稻病虫害防治上的应用现状和研究进展［J］.现代农业科技，2016（14）：129-131.

［54］江当时，汪灶新．生物防治在农业病虫害防治上的应用［J］.乡村科技，2016（18）：81.

［55］李晓川．生态体系下农业病虫害的生物防治措施［J］.时代农机，2016，43（1）：161-162.

［56］李正文．森林病虫害防治工作面临的问题及对策［J］.现代园艺，2014（22）：96.

［57］龙汉广．生物防治在植物病虫害防治中存在的问题及对策［J］.农业与技术，2013（2）：36.

［58］潘洁，廖振峰，张衡．基于高光谱数据与网络GIS应用的森林病虫害监测系统研究［J］.世界林业研究，2015，28（3）：47-52.

［59］任春梅，高必达，何迎春．水稻抗纹枯病的研究进展［J］.植物保护，2001，27（4）：32-36.

［60］森文华．浅议农作物病虫害防治中存在的问题及其对策［J］.南方农业，2016，10（3）：46.

［61］司传权．农作物病虫害专业化统防统治研究与推广［J］.农业与技术，2016，36（17）：99-100.

［62］沙俊利．马铃薯环腐病的发生与防治[J]. 农业科技与信息，2014，(22):28，30.

［63］唐海明，余筱南．我国棉花病虫害综合防治研究的现状及展望［J］.作物研究，2004（s1）：425-429.

［64］唐媛．农作物病虫害防治要点［J］.吉林农业，2017（4）：77.

［65］汪四水，张孝羲，汤金仪．基于地理信息系统的稻纵卷叶螟的灾变动态显示系统［J］.昆虫学报，2001，44（2）：252-256.

［66］王立志，但汉曙．赤壁市稻纵卷叶螟大发生原因及防治对策［J］.湖北植保，2006（3）：10-11.

［67］吴涛，姜卫红．2003年稻纵卷叶螟大发生原因分析及防治对策［J］.湖北植保，2004（2）：18-19.

［68］夏琼．生物防治在我国烟草病虫害防治上的应用研究［J］.农技服务，

2016, 33（14）: 80-82.

［69］肖桂凡, 袁聘卿, 蒋黎明. 水稻病虫防治专业服务模式及效益［J］. 湖南农业科学, 2006（4）: 105-106.

［70］杨怀文. 我国农业病虫害生物防治应用研究进展［J］. 科技导报, 2007, 25（7）: 56-60.

［71］袁涛, 陈旭, 马超. 长江农场水稻病虫害综合防治系统研究［J］. 中国农学通报, 2013, 29（27）: 182-186.

［72］张树明, 陈洪存. 唐山地区水稻条纹叶枯病迅速上升原因及防治对策［J］. 北方水稻, 2006（3）: 46-47.

［73］张学道. 水稻病虫害防治技术［J］. 现代农业科技, 2006（3s）: 37-38.

［74］张玉玲, 朱艰, 杨程. 生物防治在烟草病虫害防治中的应用进展［J］. 中国烟草科学, 2009, 30（4）: 81-85.

［75］张政兵. 湖南省专业化统防统治快速发展［J］. 湖南农业, 2010（8）: 6.

［76］张政兵. 全国农作物病虫害专业化统防统治经验交流会在长沙成功召开［J］. 农药研究与应用, 2010（4）: 44-45.

［77］郑大宽. 谈谈植保统防统治服务［J］. 江西农业经济, 2000（3）: 26-27.

［78］周一民, 马均, 金洪. 四川丘陵地区水稻害虫无公害防治应用研究［J］. 安徽农业科学, 2007, 35（20）: 6178.

［79］BHATTACHARYYA S, BHATTACHARYA D K.Pest control through viral disease: mathematical modeling and analysis［J］.Journal of theoretical biology, 2006, 238（1）: 177-197.

［80］BUSH J, JANDER G, AUSUBEL FM. Prevention and control of pests and diseases.［J］.Methods in molecular biology, 2006, 323（323）: 13.

［81］CHRISPEELS M J, SADAVA D E, SCHELL J.Plants, genes, and agriculture.［J］.Economic botany, 1994, 49（1）: 77.

［82］陈彰德. 湖南省农村土地承包经营权流转研究［J］. 农业现代化研究, 2010, 31: 19-21.

［83］吴力科. 浅谈农民专业合作社与"土地流转"的互动作用［J］. 作物研究, 2009, 23（专辑）: 111-113.

［84］王盛桥. 树立"公共植保"和"绿色植保"理念［J］. 湖北植保, 2009（6）: 1.

［85］钱建，程枫叶，陈伟.南通市农作物病虫专业化统防统治实践与发展对策［J］.上海农业科技，2010（2）：13-15.

［86］王净.发展农村合作组织构建现代农业［J］.新农民，2010，9：89-90.

［87］唐会联.农作物病虫害专业化防治问答（连载一）［J］.湖南农业，2009（6）：14.

［88］崔冶，孙盛玮，韩崇文.绿色食品与病虫草鼠害防治相关问题的思考［J］.植保技术与推广，2003，23（7）：33-34.

［89］吴觉辉，苏彪，曹志平，等.加强农业生物灾害控防的几点思考［J］.安徽农学通报，2010，16（5）：2.

［90］曹志平，苏彪，吴灿辉.水稻纵卷叶螟防治新药剂［J］.湖南农业，2009（4）：11.

［91］唐会联.农作物病虫害专业化防治问答连载三［J］.湖南农业，2009，8：14.

［92］熊勇军.大力推进农作物病虫害专业化防治［J］.作物研究，2009，23（专辑）：70-72.

［93］唐会联.农作物病虫害专业化防治问答连载二［J］.湖南农业，2009，7：14.

［94］欧高才，唐会联，陈越华.湖南省农作物病虫害专业化统防统治发展路径初探［J］.中国植保导刊，2011，31（10）：46-48.

［95］唐会联.农作物病虫害专业化防治问答连载四［J］.湖南农业，2009，9：22.

［96］危朝安.专业化统防统治是现代农业发展的重要选择［J］.中国植保导刊，2010，31（9）：5-8.

［97］苏彪，吴觉辉，张政兵，等.益阳市农作物病虫害专业化防治工作实践与思考［J］.安徽农学通报（上半月刊），2009（17）：151-152.

［98］李元收，谢文杰.运城市农作物病虫害统防统治专业服务的做法及建议［J］.中国植保导刊，2013，33（8）：64-66.

［99］都钧.农作物科学种植及病虫害防治技术探讨［J］.新农业.2021（14）：3.

［100］杨军.农作物病虫害防治中存在的误区及对策［J］.种子科技，2019（16）：11.

［101］罗丽.植保无人机在小麦病虫害防治中的应用分析［J］.种子科技，2022，40（3）：97-99.

［102］朱卫红，朱凤云.探究绿色植保理念下小麦病虫害防治方法［J］.农业开发与装备，2021（3）：186-187.

［103］康学莲，杨淑霞.农作物病虫害绿色防控技术运用［J］.甘肃农业，2021（1）：92-93，96.

［104］阚宝中.农作物病虫害综合防治对策研究［J］.农业开发与装备，2020（5）：106-107.

［105］冯德.农作物病虫害综合防治策略与措施［J］.农业与技术，2017，37（19）：64-65.